jonas lundström

avväpna människan

avväpna människan

Förlag: BoD – Books on Demand, Stockholm, Sverige
Tryck: BoD – Books on Demand, Norderstedt, Tyskland
ISBN: 9789179699857
Fatta taggtråd publikationer, Örebro, Sverige

Innehållsförteckning

Inledning

På nyårsafton 2019, inför decennieskiftet, hängde jag diskret upp ett av mina små korsstygnsbroderier på en stolpe utanför en livsmedelsaffär i Örebro. ”Kollapsen kommer”, var de snirkliga, lilarosa bokstävernas budskap. Föga anade jag att kollapsen snart skulle framstå som ett mer överhängande hot än någonsin under min livstid. Inget visste jag - eller någon annan i min närhet - om vad som just då pågick i Wuhan, och hur det skulle påverka världen de kommande åren. I bildtexten på Instagram skrev jag: ”Allting tar slut, ett år, ett decennium, en växt, ett djur, ett människoliv. En civilisation. Frågan är bara när och hur. Gott nytt decennium alla!”

Det vore kul, eller obehagligt, att hänföra detta till någon slags profetisk förmåga. Men det finns enklare, eller måhända mer komplicerade förklaringar. Kring millennieskiftet, tjugo år tidigare, hade jag politiskt börjat röra mig mot ett grönt, frihetligt vänsterperspektiv. Mina invändningar mot samhällets system och strukturer utvecklades över tid, och hade tio år senare tagit formen av en mycket spetsig, men samtidigt ganska svepande civilisationskritik. Min första bok, *En förtryckares frihetliga fantasier* (2014), har av någon beskrivits som en anarkistisk självhjälpsbok, med sina delvis spretiga reflektioner över liv och motstånd under ”ett system på väg mot sin undergång”.

Min öppenhet för systemkritik tror jag kan förklaras med en kombination av faktorer. Förutom att vissa personlighetsdrag matat min mottaglighetsmylla, har bland annat min religiösa bakgrund i konservativ pingströrelse och tidiga erfarenheter av utanförskap spelat in. Det tog hur som helst lång tid innan jag kunde acceptera att de flesta människor i det samhälle jag lever inte på samma sätt är upptagna av sådana här frågor. Vetenskapen levererar larmrapporter om klimatförändringar och miljöförstöring, och populärkulturens apokalypsskildringar är legio, men politiken och vardagslivet rullar på ungefär som vanligt. Tills krisen slår till.

Aktivism, i bred mening, har alltid varit mitt sätt att hantera detta. Genom tal och text, i gemenskapsbyggande och experiment med alternativ livsstil, genom politiskt och socialt arbete har jag, tillsammans med många andra, försökt väcka engagemang och jobba för samhällsförändring. Broderiet som jag satte upp på nyårsafton 2019 gick i samma linje: det kunde kanske få någon att tänka lite mer på de större frågorna 2020?

Åtminstone blev 2020 ett sådant år för mig. Under pandemins påtvingade paus från sociala sammanhang kom jag i kontakt med en inre trötthet som var djupare än jag hade vetat om. Bakom mig låg ett dussin år av intensiv politisk aktivism och socialt engagemang. Det hade handlat om antimilitarism och poliskritik, om rasism och migration, om hemlöshet, ekonomisk rättvisa och social marginalisering, om miljö, klimat och djurrätt. En mängd olika slags insatser, och otaliga manifestationer, demonstrationer och aktioner, i en lång rad grupper och organisationer, hade präglat min tillvaro. Det mesta av detta hade i och för sig känts meningsfull och angeläget, även i efterhand, och ofta givande och utvecklande. Men det hade också slitit, märkte jag nu, och jag hade tagit mycket stryk. Psykiskt och fysiskt, bildligt och bokstavligt.

2020 och 2021 blev därför en period inte bara av påtvingat och utan också av aktivt tillbakadragande. Jag fasade successivt ut en rad olika engagemang och åtaganden, och mellan januari och september 2021 pausade jag helt från demonstrationer och aktioner, för första gången på tolv år. Mer än vanligt fokuserade jag istället på att studera, anteckna och grubbla. Frågor som upptog mig var: Var befinner vi oss i den globala krisen? Vad kan vi egentligen realistiskt uppnå? Vad borde vara i fokus, och hur ska vi arbeta? I bakgrunden låg också de mer personliga frågorna. Vad driver mig? Hur vill jag leva mitt liv i fortsättningen?

Hösten 2020 började jag skissa på mitt tentativa svar på det första ledet av dessa frågor. Initialt var formatet tänkt som en artikel, men efter hand började det alltmer likna ännu en bok. Det här är resultatet.

Den tes jag argumenterar för är att vi som mänskligt kollektiv måste fasa ut och förstöra våra effektivaste maktmedel, och lära oss att leva enklare och mer jämlikt, och att vi inte kan vänta på makthavarna för att påbörja denna process. Alternativet är en brutal samhällskollaps, och detta är inte något vi bör acceptera.

För att underbygga detta perspektiv försöker jag beskriva den globala katastrofsituation vi står inför (kapitel 1), och hur de världsbilder som cirkulerar kan förhindra eller möjliggöra förändring (kapitel 2). I det tredje kapitlet argumenterar jag för att människans expanderande maktmedel varit centrala för att föra oss dit vi befinner oss. I kapitel fyra problematiserar jag det ickevåldstänkande som påverkat många sociala rörelser, såväl som den politiska maktens retorik, samtidigt som jag lyfter fram behovet av en vass kritik av vapen och redskap för massförstörelse. I det femte kapitlet redogör jag för forskning som antyder att vi står på randen till en global och brutal samhällskollaps. I de sista tre kapitlen skissar jag mot denna bakgrund på möjligheter och svårigheter inför uppgiften att vända trenden. Kan vi röra oss mot en radikal nedrustning och omställning till mindre resurskrävande, och mer jämlika, mänskliga samhällen och gemenskaper, eller går allt åt helvete?

Att skriva är alltid att ljuga och förvanska. Jag har försökt skriva om de här hyperkomplexa frågorna så kortfattat och tillgängligt som möjligt. Det betyder förstås också att många resonemang har valts bort eller förenklats. Att jag har kunskapsluckor behöver förhoppningsvis inte ens påpekas, och på de flesta områden jag berör har jag ingen formell akademisk kompetens. För att något kompensera för detta har texten försetts med så noggranna referenser som möjligt. Avsikten har varit att redovisa inspirationskällor transparent, och att peka vidare för den läsare som har tid och intresse av att mer djupgående granska resonemangen. Sedan kan jag förstås ha fel ändå i de teser jag driver. Därför välkomnar jag alltid fortsatta samtal.

1. Situationen: på randen till kollaps

En fenomenalt framgångsrik figur har människan varit. Och bland samhällsformer har inget kunna möta hennes behov och begär som det globala, industriella systemet av kapitalistiska nationalstater.

Efter två sekler med denna samhällsordning har människans antal tiodubblats. Vi lever nu i snitt dubbelt så länge,[1] åtta miljarder exemplar av homo sapiens sapiens, spridda över hela den beboeliga delen av planeten. Den totala massan av det människan byggt på jorden är nu större än biomassan. Bland däggdjur på vår blågröna boll är bara fyra procent vilda, resten är människor och boskap.[2] Denna nya tid har till och med föreslagits som en ny geologisk epok på jorden,

1 Roser m.fl., *Our world in data*, 2013 (2019).
2 Elhacham m.fl. (2020); Carrington (2020) i *The Guardian.*

antropocen.[3] Vi dominerar, med vår magiska maskin! Det är inte utan att det imponerar.

Men alla sagor har förlorare. Under min livstid har populationerna av vilda djur mer än halverats.[4] Forskare talar om den sjätte massutrotningen av arter under livets historia.[5] Under den förra, för 66 miljoner sen, slogs dinosaurierna ut.[6] Över femtio miljarder landlevande djur dödas varje år för konsumtion, och mångdubbelt fler i våra vatten.[7] Livets och ekosystemens mångfald är hotade i grunden. ”Den moderna människans stöpform lämnar utrymme för få andra levande varelser utöver de som direkt kan nyttjas av en mänsklighet i oupphörlig expansion”.[8]

Men inte bara ickemänskliga livsformer är förlorare. 690 miljoner människor gick hungriga 2019, och FN uppskattade att två miljarder saknade regelbunden och säker tillgång till näringsriktig och tillräcklig mat.[9] Sedan 2015 har den rikaste procenten i världen ägt mer än resten sammantaget, och släpper ut dubbelt

3 Kolbert, s. 107–110. Termen antropocen populariserades till den nuvarande användningen av kemisten Paul Crutzen i början av 2000-talet (Crutzen, 2002). För en djupare diskussion om antropocen-begreppets implikationer, se Hamilton, 2017. Som ett alternativ till industrialismens genombrott som starten på antropocen har andra föreslagit 1945 (Hamilton, 2017, s. 19). Steffen m.fl. vid Stockholm Resilience Centre utgår från begreppet i deras artikel från 2018.

4 Enligt WWF 2020 hade de övervakade populationerna av däggdjur, fisk, fåglar, reptiler och amfibier minskat med 68 % mellan 1970 och 2016 (Almond m.fl., 2020).

5 För en utförlig populärvetenskaplig beskrivning, se Kolbert, 2014/2020. Så sent som i slutet av 1700-talet fanns ingen vetenskaplig förståelse av fenomenet, menar Kolbert (s. 92–93).

så mycket koldioxid som oss andra tillsammans.[10] Det förändrar inte bara klimatet, luftföroreningar dödar 8 000 människor varje år, bara i Sverige.[11] Den ojämna fördelningen av makt och resurser är också intimt sammanvävd med globala ojämlikheter.[12]

Oavsett vilken politisk färg styret haft de senaste seklen, och oavsett vilken religiös eller sekulär bekännelse den varit kopplat till, har tillväxtambitionerna varit intakta. Den ekologiska förstörelsen och det brutala djurutnyttjandet har fortgått, och trots uppluckringar i vissa situationer har klasskillnader och patriarkala och rasistiska strukturer inte omkullkastats.

Genom teknologin har också överhetens kontrollförmåga expanderat, och idag är i stort sett varje plats vi vistas på och varje tidpunkt av vaken tid en zon där vi kontrolleras[13] och ska bidra till systemet. Som arbetare eller konsumenter, som övervakare eller undersåtar.

Året 2020 förkunnade, ”för den som har öron att höra”, såväl vinnare som förlorare, att människans segersaga har ett slut. Kanske för första gången påverkades i stort sett alla människors vardagsliv på ett påtag-

6 Ceballos m.fl., 2020. Se också Kolbert, 2014.

7 Thornton, World Economic Forum, 2019; Mood m.fl. (UK Fish count), 2010 uppskattar antalet fiskar som dödas till i runda tal mellan 1 000 och 3 000 miljarder.

8 Granström, 2008, s. 32.

9 FAO m.fl. (2020).

10 Oxfam; Oxfam, 2020.

11 Nilsson, 2019, *Svenska dagbladet.*

12 Roser, M., ”Global economic inequality”, *Our world in data.*

13 Se Shoshana Zuboff, *The Age of Surveillance Capitalism,* 2019.

ligt sätt över tid av en global kris, direkt sprungen ur vårt samhällssystem och vårt sätt att leva.

2020 var också (igen) det varmaste året som uppmätts.[14] I en rapport från 2018 bedömde FN:s klimatpanel IPCC att vi var på väg mot mellan 3,1 och 3,7 graders uppvärmning 2100, *om* länderna skulle följa sina åtaganden från Parisavtalet.[15] Och då har ändå IPCC kritiserats av en rad forskare för en historia av konservativa bedömningar.[16] I sin omskakande och omtalade bok *Den obeboeliga planeten* har journalisten David Wallace Wells redovisat vad detta skulle kunna innebära i form av värmedöd, hunger, översvämningar, bränder, katastrofer, vattenbrist, havsdöd, luftföroreningar och ekonomisk kollaps.[17]

Kunskap om situationen har funnits där länge. IPCC grundades i slutet av 1980-talet.[18] Den amerikanska biologen Rachel Carsons miljöklassiker *Tyst vår*, som brukar räknas som startskotten för den moderna miljörörelsen, publicerades i början av 1960-talet. På 1940-talet varnade en av Sveriges namnkunnigaste författare, Elin Wägner, för sambandet mellan militarism, patriarkat och miljöförstöring. Dessa röster har hörts i samhällets centrum, de har varit långt ifrån ensamma, och de har haft många föregångare. Ingen kan påstå att vi inte blivit varnade.

14 NASA, 2021.

15 IPCC, 2018. Se IPCC:s *Sixth Assessment Report* (2021) för en utvärdering av olika scenarion.

16 Se t.ex. Anderegg m.fl. (2014); Brysse m.fl. (2013).

17 Wallace Wells, 2018, s.14. Jfr Staffan Laestadius (2021) och IPCC, 2021.

18 Se Klein, 2014, s. 102–103 för en slående berättelse om bakgrunden.

Miljörörelsen klagar ofta på att politiker ”inte gör något”, men de styrandes respons har varit allt annat än passiv. Underdånigt och med mössan i hand har de ytterligt aktivt krattat gången för de krafter som profiterar på situationen. Bortsett från en samling kraftlösa utfästelser, snirkliga formuleringar, och ett och annat skört motinitiativ, har deras energi gått till att driva på utvecklingen. Produktionen av animalier och fossila bränslen har obarmhärtigt stigit de senaste decennierna, trots alla rapporter och upprop, trots alla möten och åtaganden, trots alla demonstrationer och civil olydnads-aktioner.[19] Hälften av mänsklighetens utsläpp har skett under de trettio år som globala klimatförhandlingar och utfästelser pågått, påpekar Staffan Laestadius, professor emeritus i industriell utveckling.[20]

Detta tills en tidigare okänd taggig boll började dyka upp i våra kroppar. Plötsligt agerade världens ledare unisont i panik. När Faran kom inrullandes med fart, och hotade de styrandes egna kroppar, då blev det liv i luckan. Viruset skulle ”stoppas” och samhällssystemet räddas, allt annat kunde stängas ned eller reduceras. På några månader var allt det som tidigare beskrivits som basala mänskliga rättigheter försvunnet: rörelsefrihet, mötesfrihet, demonstrationsfrihet, religionsfrihet. Industrier gick initialt knackigt och flyget var jordat, men staterna trädde snabbt in och höll kapitalet under armarna. Börsen, som sjönk i pandemins barndom, började gå som tåget, och gör så än i skrivande stund. De globala militära utgifterna slog re-

19 Ritchie & Roser, *Our world in data*; Naturvårdsverket.
20 Laestadius, 2021, s. 40.

kord med närmare 2 000 miljarder dollar under 2020.[21] Tillväxten, efterfrågan på energi och utsläppen, däremot, sjönk under 2020 på ett sätt som enligt det internationella energiorganet IEA är unikt.

Situationens rötter

Det drastiska och dramatiska till trots har åtgärderna handlat om ytliga insatser. Inte mycket i den samhälleliga debatten och analysen under pandemiåren har handlat om de strukturer och processer som är grogrunden för de flesta pandemier – avskogning, urbanisering, djurhållning, flygtransporter.[22] Den feber som jorden lider av, och som manifesterar sig i pandemier och klimatförändringarna, är symptom på underliggande sjukdom.

Men att försöka gå till rötterna med våra problem tenderar i vårt samhälle att förstås som extremism. Inte för inte har ”radikal” blivit ett skällsord, en förolämpning, ett vapen i maktens händer. Tidigare kunde ”radikal” betyda någon som vill gå till roten med något, av latinets ”radix”, rot. Det kunde också beskriva politiska tendenser som vill förändra samhället i grunden. På engelska Wikipedia beskrevs ”radical politics” så sent som hösten 2021 som ”avsikten att förändra eller ersätta grundläggande principer i ett samhälle eller ett politiskt system, ofta genom social eller strukturell

21 Stockholms internationella fredsforskningsinstitut (Sipri), 2021.

22 För sambandet mellan epidemier och avskogning, urbanisering och djurhållning, se Olsen (2020 [2010]); McKenzie (2020); Malm (2020); Scott (2017), Diamond (2020 [1997]).

förändring, revolution eller radikala reformer".[23] I myndigheters och mediers händer används begreppet istället tillsammans med koncept som "terrorism" eller "våldsbejakande extremism". Och det kan mycket väl uppfattas som symptomatiskt. Den som vill gå till rötterna med våra problem måste väl vara samhällets fiende?

Så vilka är rötterna till denna situation, som vi alla befinner oss i? Från vänsterhåll vänder man sig till de vanliga analyserna och fiendebilderna när miljö- och klimatkrisen ska beskrivas. Journalisten och författaren Naomi Klein hävdar i sin klimatbok *Det här förändrar allt* att det är "den oreglerade kapitalismen", nyliberalismen, som är problemet.[24] Klimatforskaren Andreas Malm pekar ut fossilkapitalet.[25] Från höger kopplas problemen, om de ens erkänns, huvudsakligen till en otillräcklig teknikutveckling. Miljörörelsen pratar mycket om minskade utsläpp, förnyelsebart och specifika miljöbovar. Mer marginella strömningar i den gröna rörelsen har föreslagit att det är själva civilisationen som ligger bakom, eller rentav människan som art.

Om vi blickar tillbaka ända in i denna arts dunkla förhistoria kan vi spåra hur vår spridning sammanfallit med tillbakagång och utrotning av andra stora djur (megafauna). Detta samband mellan utdöende hos megafanuan och människans utbredning har varit föremål för intensiva diskussioner i forskarvärlden. Berodde

23 "Radical politics" på Wikipedia [19/8-21], min översättning.
24 Klein, 2014, s. 33.
25 Malm, 2020, s. 15.

de båda på klimatförändringar, eller var det människan som direkt utplånade megafaunan, genom exempelvis alltför intensiv jakt? Kanske hade det i vissa fall att göra med förändringar i polernas magnetfält?[26]

Hur som helst jagade människan, med alltmer avancerad teknologi. Att det samtidigt fanns en ambivalens inför detta våld visar möjligen traditionella ritualer för att visa respekt för bytesdjuren.[27] I konkurrensen med andra arter växte vårt inflytande, på andras bekostnad. Över tid försvann de stora bytesdjuren, vilket kom att bli ett av incitamenten till en upptrappad matproduktion. På denna grund växte intensifierad djurhållning, städer, stater, civilisationer, och så småningom dagens industriella globala system av nationalstater fram.

Människan är Det mäktiga däggdjuret, och vårt inflytande på planeten har vuxit i ojämn takt över tid till dagens nivåer. Det finns inget ”fall”, ingen paradisisk tillvaro där vi levde i harmoni att återvända till. Rötterna till dagens situation fanns där från början.

26 Kolbert redogör för (och förespråkar) argumenten för overkill-hypotesen i Kolbert, 2014, s. 230–235, så gör också historikern Yuval Noah Harari, 2010, s. 69–74. För fördjupning, se vetenskaplig artikel av Barnosky, 2004, och journalistiska artiklar av Bressan, 2021 (*Forbes*); Gramling, 2021 *(Science News)*; Marshall, 2021 (*New Scientist)*; Yong, 2018 *(The Atlantic)*.

27 Se antropologerna Stein & Stein, 2011, s. 80–81; Karen Armstrong, 2014, s. 13–16.

Kriget mot naturen

Vilka koncept kan vi använda för att beskriva den moderna människans relation till naturen? För att närma oss det behöver vi först säga något om *naturen*. Länge tillhörde jag de som försökte undvika begreppet, eftersom det ofta används på ett sätt som ställer människan utanför naturen, och skapar en dikotomi mellan natur och kultur. Kontakten med biokemisten James Lovelocks *Gaiateori* fick mig att återvända till ”naturen”.

Lovelock formulerade på 1970-talet tillsammans med mikrobiologen Lynn Margulis hypotesen att jorden har ett självreglerande livssystem. De benämnde detta metaforiskt ”Gaia”, efter jordens och fruktbarhetens gudinna i grekisk mytologi. Liknande perspektiv har senare vuxit fram inom jordsystemforskning, och blivit en viktig del av miljö- och klimatforskningen. Begreppet ”jordsystemet” används bland annat av forskare vid Stockholm Resilience Centre.[28]

”Naturen” syftar i den här boken på livssystemet på jorden. Naturen i den här meningen har en början och ett slut, och är inte synonym med universum eller planeten. Inte heller är naturen skild från människan och hennes kultur. Människan är 100 % integrerad i livssystemet, och allt vi skapar och uträttar är därmed en produkt av naturen. När jag sitter och knappar på den här datorn och ser texten växa fram på skärmen, är jag helt och fullt en aspekt av naturen. Vi är en del av naturen, men bara, trots vår framgång, ett litet fragment.

28 Steffen m.fl., 2018. Jfr Hamilton, 2017, s. 30–35.

Om vi betraktar vår situation från framtidens horisont, eller från förlorarnas synvinkel, finns det alltså basala problem. Vilka enkla begrepp kan vi använda för att beskriva detta?

Marxistisk teori har talat om kapitalisternas *utsugning* av arbetarna. Den som inte kan leva på sin egendom måste sälja sin arbetskraft på en marknad, och arbetskraften köps av kapitalister som äger produktionsmedlen. Arbetaren får i och för sig lön för sitt arbete, men inte den fulla lön som arbetet är värt. *Mervärdet* går istället till kapitalisten och företaget, som arbetaren inte äger. Naomi Klein, som skriver från en marxistiskt influerad vänstertradition, har i linje med detta använt begreppet *extraktivism*, som hon definierar som ”ett icke ömsesidigt förhållande till jorden byggt på behärskande”.[29] (I snävare mening är extraktivism att utvinna resurser från en specifik plats för att sälja dessa på världsmarknaden.)

I liknande anda och med inspiration härifrån skulle vi kunna beskriva utsugning som ett förhållande över tid där ett utbyte av resurser är ojämlikt, där den ena parten ökar sina resurser på den andra partens bekostnad.[30] En analogi från djurriket som gör sig påmind är parasiten, ”en organism som lever i eller på en annan levande organism och tar sin näring från denna samtidigt som den orsakar skada.”[31] Till parasitens försvar kan sägas att den bara försöker fylla sina behov, och att det är den mindre som använder den stör-

29 Klein, 2014, s. 218.

30 En slående bild av utsugningens natur finns i Daniel Day Lewis monolog om milkshaken och sugröret i slutscenen i Paul Thomas Andersons film *There will be blood.*

31 Livsmedelsverket.

re. En annan metafor som används för ojämnt utbyte i dagligt tal är att ”mjölka”. Det är en bild som måhända säger mer än vad avsikten är. Kon insemineras, blir gravid och fråntas sin kalv för att kunna producera modersmjölk som istället går till mänsklig konsumtion. Hon utnyttjas några år av bonden och hens maskiner till dess hon är förbrukad. Då transporteras hon till ett slakteri och bedövas med en bultpistol, skärs upp och blöder till döds, innan hennes kropps styckas och skickas ut på marknaden. Av denna process har vissa blivit rikare medan kon inte ens är ett minne blott.

Men sådana ojämlika relationer är inget undantag för människan. I förhållande till naturen, både som helhet och i specifika förhållanden, har människan, betraktad som art, blivit en utsugare. Vi tar för mycket av den natur som vi själva är en del av, och äter därför oss själva.

En annan metafor vi skulle kunna använda är *kriget.* ”Genom att förändra miljön har vi ovetande deklarerat krig mot Gaia”, skriver Lovelock.[32] Även FN:s generalsekreterare António Guterres har använt bilden.[33] Krig kan beskrivas som en konflikt karaktäriserad av organiserat väpnat våld mellan grupper för att uppnå politiska mål. Metaforen haltar möjligen i det att människans krig mot naturen kan tyckas vara ensidigt. Ingen växt eller djurart organiserar sig och tar till vapen mot människans förtryck. Å andra sidan är naturen ett dynamiskt, självreglerande system, som Rachel

32 Lovelock, 2006, s. 13, min översättning.
33 UN, 2/12-2020.

Carson påpekade redan i *Tyst vår*, där även hon talar om ”människans krig mot naturen”.[34] Naturen gör att arter som tar för mycket utrymme förr eller senare trängs tillbaka,[35] ”naturen slår tillbaka”.[36] Och eftersom människan själv är helt och fullt natur är människans krig mot naturen ett inbördeskrig. Sambanden mellan militarism och utsugning av den ickemänskkliga delen av naturen är också starka, något jag ska återkomma till senare.

Att tala om krig i sammanhanget skulle kunna leda vilse om vi menar att poängen är förstörelse. Men i få krig är ödeläggelse och död själva syftet, våldet anses vara ett nödvändigt ont i kampen om resurser och visioner. Utsugning är ofta krigets mål.

Hur vi än karaktäriserar människans förhållande till ekosystemen menar vissa att detta är, eller har blivit, ”vår natur”, och därför är oföränderligt. Vi är helt enkelt utsugare, syndare, ondskefulla. Andra har argumenterat för att det är ”the better angels of our nature” som är vårt sanna jag, åtminstone i ett ”utvecklat” samhälle, och att utsugning är mer av en blipp.[37]

Idén om ”vårt sanna jag” rimmar med den urgamla och mycket utbredda föreställningen om att vi har en (evig) själ som på något sätt kan skiljas från det yttre och tillfälliga. Även om det skulle vara så, vilket

34 Carson, 1962.

35 Carson, 1962, s. 238.

36 Carson, 1962, kapitel 15, “Naturen slår tillbaka”. Carson talar om “människans krig mot naturen” och om bekämpningsmedel som ”vapen” (s. 286). UN, 2020.

37 Se t.ex. historikern Rutger Bregmans mycket läsvärda *Human Kind* (2020), men undvik Pinker (se Alex Blasdels artikel i *The Guardian*, september 2021).

jag inte tror, saknas fungerande redskap för att gräva fram någon underliggande sanning om oss. Enklare är då att utgå från att vår natur inget annat är än summan av hur vi fungerar som människor. Allt vi gör är naturligt. Det finns naturliga begränsningar för vad vi kan vara och göra, men inom de ramarna rymmer vår natur en enorm palett av möjligheter.

De interna skillnaderna mellan människor i olika grupper såväl som mellan samhällen och över tid vittnar om att utsugning eller krig inte är ett fixerat, universellt fenomen. Vi vet, som jag ska återkomma till, att det finns ett utbrett motstånd mot våld, utsugning och hierarkier, och historiska förändringar i utsugningens grader, former och uttryck. Vi besitter kapacitet att agera empatiskt, solidariskt och egalitärt, såväl som att försvara oss själva eller dominera andra. Att tära på varandra och naturen till dess att livsväven brister är därför inte vårt förutbestämda öde. Saker skulle kunna vara annorlunda.

Ambitionen med den här boken är att ge några perspektiv på den situation vi står i och inför som civilisation, och på hur vi hamnat här, men framför allt att föreslå en annan riktning. Historien lär oss samtidigt att makten, som grupp eller klass betraktad, inte ger upp sina privilegier och resurser frivilligt. Och betraktad som art har människan hittills vunnit på kriget mot naturen. Vi är de mäktiga. Kan vi då, som människor, utmana utsugningens krafter? Och kan visioner om en annan framtid hjälpa oss, eller grönmålar de bara våra grådaskiga samhällen?

2. Utopiska skärvor

För snart två tusen år sedan avrättades den judiske snickaren och predikanten Jesus, från Nasaret i Palestina, av det romerska imperiet. Vad många inte vet är att han när som helst ska göra comeback. Han kommer att stiga ned från ovan och de sanna kristna, en liten del av alla namnkristna, ska ryckas upp från jorden, med kropp och allt, och möta honom i himlen. Där ska de få leva skyddade under en tid då djävulens ställföreträdare antikrist tar över på jorden. Efter en väldig, blodig batalj kommer antikrists arméer att besegras, och ondskans krafter fängslas under tusen år, medan ett jordiskt gudsrike upprättas. Sedan kommer den stora rättegången, då Guds dom ska dela in människorna i två grupper. De flesta kommer att straffas med evig eld och plåga, medan de sanna kristna får ingå i Guds perfekta, nya värd.

Att tänka så här var naturligt i mina primära sociala sammanhang i pingströrelsen under min uppväxt. Det sägs ibland att fiskar inte tänker på vatten, eftersom det är deras värld. På samma sätt går det att leva i en världsbild utan att riktigt ”se” den. Idag kan jag få starka overklighetskänslor när jag tänker på hur mycket, och hur länge, jag själv trodde så här. Och inte bara trodde på det, jag har predikat detta för andra.

Det här var förstås en helt annan blick på sakernas tillstånd än nästan alla andra hade, i synnerhet i det lilla röda brukssamhället Hagfors i norra Värmland, där vi bodde tills jag började högstadiet. Att det idag globalt finns någonstans mellan 300 och 700 miljoner pingstvänner, beroende på hur man räknar, var ingenting som märktes i Hagfors. Inte heller att dessa eller liknande idéer utgör en levande del av det politiska landskapet i dagens USA. Tillsammans med bland annat en samling specifika praktiker och etiska ställningstaganden främjade denna blick på världen en tydlig minoritetsidentitet, en stark känsla av främlingskap inför majoritetssamhället.[38] I synnerhet bland oss som tenderade att ta budskapet på större allvar. Men kanske har det också bidragit till att jag, efter att ha brutit med detta, haft lättare att känna sympati med politiska, etniska och religiösa minoriteter än med det dominerande och normativa, och att jag utvecklat en nyfikenhet på olika sätt att betrakta världen.

38 Andreas Thörns avhandling *En framgångsrik främling* ger en gedigen inblick i den svenska pingströrelsens självbild mellan 1910 och 1980.

Världsbildernas funktioner

Det är enkelt att kritisera, dekonstruera och håna minoriteters perspektiv på tillvaron. Detta kan osynliggöra den egna världsbilden, eller framställa den som självklart förnuftig och sann. Men alla samhällen och sekter vi känner till från historien verkar ha ett specifikt system av symboler som tolkar tillvaron.[39] Det finns en oöverblickbar uppsättning världsåskådningar, kosmologier, olika kollektiva sätt att leva, tala och tänka om vår plats i universum. Eftersom inga vattentäta skott existerar mellan grupper och samhällen, speciellt inte i vår globaliserade värld, lever dessa sida vid sida. Mer än så, de växer ur och in i varandra, de bråkar och delas, samsas och förenas, blandas och förändras.

I vilken utsträckning dessa olika kosmologier förklarar saker adekvat eller fungerar väl kan och bör diskuteras och granskas, men denna mångfald existerar i alla fall. Och den är djupt sammanflätad med människors och gruppers liv, tanke och praxis. Att försöka kringgå, avstå eller ställa sig ovanför eller utanför detta verkar inte vara en framkomlig väg. Vi är helt enkelt ett djur som tänker, drömmer och fantiserar tillsammans.

Vilka behov och funktioner fyller dessa världsbilder i sociala grupper? Därom tvista de lärde. Olika perspektiv på detta kan delas in utifrån huruvida det är enheten och harmonin i ett samhälle som betonas (t.ex.

39 Jfr antropologen David Graeber, 2004; Armstrong, 2016. Stein & Stein, 2011, använder begreppet ”worldview” (s. 29–).

funktionalism), eller konflikterna mellan olika intressen och grupper. Politiskt tenderar konfliktinriktade eller kritiska samhällsteorier att orientera sig vänsterut. Funktionalistiska skolor rimmar bättre med mitten- eller högerpositioner. Även när det gäller vilka begrepp som ska användas för att förstå relationen mellan samhällens praxis och tankesystem, är detta en stridsfråga bland sociologer, eller åtminstone en plats med en mångfald av synsätt.

Begreppet *ideologi* har använts såväl neutralt som positivt, men har i marxistisk eller historiematerialistisk teoribildning behandlats kritiskt. *Samhällets bas* beskrivs här som dess produktionssätt och produktionsförhållanden. Det handlar om sådant som vilken teknik som finns, och om vem som äger det som nyttjas för att producera, som mark, maskiner och arbetare. Detta utgör samhällets grund. *Ideologin* är enligt detta perspektiv *den överbyggna*d av politiska, religiösa, juridiska och filosofiska system som försvarar denna ordning, och mer specifikt erövringar[40] och ojämlika maktförhållanden i de ägande klassernas intressen.

Men inte heller mer funktionalistiska teorier behöver ha en okritisk blick på världsbildernas relation till maktförhållanden. Antropologen Joseph Tainter, som jag ska återkomma till i kollapsfrågorna, använder ett huvudsakligen funktionalistiskt perspektiv. Ändå betonar han hur nödvändigt det är för maktskiktet med en ideologisk legitimering. I tidiga komplexa samhällen kom ledaren alltid från någon specifik un-

40 Arkeologen Michael Wilcox, som tillhör urfolksgruppen Yuman, argumenterar t.ex. för att den kristna erövringsideologin var central i övergreppen på de amerikanska urfolken (2010, s. 134–138).

dergrupp med egna intressen, och risken var därför överhängande att ledaren skulle betraktas som partisk. Lösningen på den här begränsningen, blev, enligt Tainter, att koppla ledarskapet i tidiga komplexa samhällen till det övernaturliga. När ledaren tillskrivs en aura av helig neutralitet kan hens identifikation med en specifik grupp övervinnas. Den rituellt sanktionerade auktoriteten höjer sig över strikta lokala intressen. (Religionshistorikern Karen Armstrong framför ett liknande perspektiv i inledningen till sin bok *Med Gud på vår sida : Religion och våld genom historien*.) Även om Tainter menar att detta förändrats i moderna samhällen menar han att den heliga auran hos etablissemanget inte försvinner, inte heller hos nutida sekulära regeringar.[41]

Om vi skulle påstå att samhällets kosmologi försvarar praxis och materiella förhållanden, oavsett hur de ser ut och hur de ska värderas, har vi ändå inte slagit fast varför. Handlar det om att motivera varför saker ser ut som det gör för att man tror på sitt samhälles ordning, eller går det snarare ut på att dölja hur samhället fungerar? Eller är poängen snarare att avleda? Handlar det om bedrägeri, eller är också ideologiproducenterna troende?

En gemensam blick på tillvaron i en grupp främjar hur som helst en samhörighet inom gruppen, och en lojalitet till eliten. Detta kan förstärkas när gruppen är hotad. *Läran* eller *teorin* kan vara en fråga på liv och död, och just detta kan förleda oss att övervärdera innehållets roll. Att vi tror tillsammans, att vi pratar

41 Tainter, 1988, s. 28.

inom gemensamma referensramar, att vi använder samma motiv och metaforer, kan vara minst lika viktigt som innehållet i världsbilden. Läran markerar gränser för vem som ska få tillhöra en grupp, och vilka som är gruppens fiender.[42] Tänker vi i de här banorna om kosmologi blir det mindre viktigt för en världsåskådning om denna är koherent eller begriplig eller hänger ihop med sättet att leva på något avgörande sätt. Det avgörande är att den fungerar som ett kitt som bevarar den rådande ordningen.

Ideologi eller utopi?

I jämförelse med etablerade sociala grupper, organisationer och samhällen har *rörelser* delvis andra behov, i synnerhet kämpande eller radikala rörelser. Rörelser har deltagare och inte medlemmar, och kräver därför mer engagemang eller övertygelse. Rörelser möts av motstånd och ifrågasättande från majoritetssamhället, och tvingas producera svar, och motivera sitt ställningstagande, både inåt och utåt. Detta på ett sätt som de som befinner sig innanför normerna inte behöver.

Om vi skulle jämföra kosmologier hos rörelser med världsbilder hos etablerade grupper skulle vi gissningsvis hitta vissa mönster som skiljer dessa åt. *Negation* är viktigt i en rörelse som startar i opposition mot specifika aspekter av det egna samhället. Det är också centralt med *riktningen*, *visionen*, känslan att vi är på väg någonstans bortom det rådande, att förändring är på g. Kosmologier för grupper med en

42 För en klassisk studie, se sociologen Norbert Elias (1897–1990) *Etablerade och outsiders*.

längre historia och en tryggare position har råd att vara lite lugnare, mer tillbakalutade, mer nöjda, mer osynliga.

Låt oss i linje med detta för en stund tänka oss att det finns ett spektrum av världsbilder. De mest *ideologiska* ritar vi in längst till höger på en sådan skala, och de mest *utopiska* till vänster. *Ideologi* är då kosmologin hos ett etablerat samhälle, eller en i samhället etablerad minoritetsgrupp. *Utopi* är kosmologin hos en grupp eller rörelse som försöker förändra samhället, men ännu inte blivit en institutionaliserad del av majoritetssamhället. Begreppet ”utopiskt” används ofta nedsättande, men här använder jag det i den etymologiska betydelsen av (visionär) ickeplats, ett eftersträvansvärt idealsamhälle.

Givetvis går det i praktiken inte att applicera någon sådan entydig uppdelning. Många stora politiska och religiösa traditioner har börjat som utopier och först successivt omvandlats till ideologier. De har också kvar utopiska drag, även om dessa tenderar att tonas ned och bli mer perifera ju mer etablerad gruppen blir. När de kopplas till en majoritetsbefolkning och deras makthavare, blir deras funktion att bidra till samhällets sammanhållning, samtidigt som effekten blir att de döljer existerande förhållanden. Karen Armstrong har i sina texter betonat hur de stora religiösa traditionerna haft såväl versioner som anpassats till härskarnas intressen, som andra som ifrågasatt våld och förtryck.[43]

Om vi skulle titta på det som jag i den här texten kallat ”Systemet”, nämligen den moderna, globala

43 Armstrong, 2014, s. 20–25.

ordningen av kapitalistiska nationalstater, hur ser då den eller de ideologier ut som kan kopplas till detta? Vi vet att partier och länder från Sverigedemokraterna via de amerikanska Demokraterna och de svenska Socialdemokraterna, till Demokratiska folkrepubliken Korea (Nordkorea), säger sig värna demokratin. Demokrati är ett språk som alla politiska aktörer i vår värld måste tala. Det är ”folket” (”demos”, på grekiska) som styr (kratos) genom sina representanter i nationalstaten. Gränserna bevakas genom en våldsapparat, och en väpnad styrka upprätthåller den inre ordningen. Befolkningen förväntas lyda och anpassa sig, men också, i varierande utsträckning, bidra och påverka.[44]

Det moderna demokrati-idealet är en del av en berättelse om utveckling från lägre till högre stadier, och människans rätt att styra över eller på bekostnad av andra arter är given. Oavsett hur demokratin betonas eller tolkas av en regim, och oavsett om den demokratiska kosmologin är höger eller vänster, fascistisk, kommunistisk eller liberal, och oavsett vilken religiös tradition den är kopplad till, delar den mer eller mindre dessa grunddrag.[45]

I denna kosmologi finns idag växande sprickor. Under Donald Trumps presidentskap spreds på bara några år konspirationsteorin QAnon. En grupp sata-

44 Med detta inte sagt att demokrati är den enda eller nödvändigtvis viktigaste aspekten av dominerande ideologier. Självfallet är det inte heller ett argument för att alla ”demokratier” är likvärdiga, eller att demokratiska principer saknar värde.

45 För mer om demokratikritik, se (kommande) *The impossible argument: Anarchist critique of radical democracy* (PM Press), Markus Lundström, 2021.

nistiska pedofiler påstods i hemlighet kontrollera politiken och den mediala och finansiella världen i USA. De skrattsalvor som riktats mot detta fastnade i halsen när Capitolium stormades den sjätte januari 2021, av bland andra högerradikala grupper, kristna nationalister och QAnon-anhängare. En undersökning som presenterades i maj 2021 indikerade att 15 % av amerikanerna instämde i distinkta påståenden kopplade till QAnon.[46]

Konspirationsteorier, fascism och militant religiös sekterism, såväl som helt andra alternativa världsbilder, gror i den mylla av motsägelser som dominerande ideologier utgör. FN:s konventioner om mänskliga rättigheter, ett centralt dokument i demokratisk tradition, innehåller exempelvis häpnadsväckande starka uttalanden som inget land är i närheten av att leva upp till.[47] Tainter beskriver hur legitimerande aktiviteter som makten måste ta till i komplexa samhällen över tid blir allt sämre på att leverera de önskade resultaten. Den ideologiproducerande apparaten växer, och måste ta till alltmer avancerade förklaringsmodeller.[48]

Utopier å sin sida kan bäras fram av politiska, religiösa och/eller sociala rörelser, och de kan se väldigt olika ut. De kan vara revolutionära, reformistiska eller separatistiska. De kan blicka huvudsakligen bakåt mot en tänkt historia för inspiration (fascism, primitivism), eller mer framåt (liberalism, socialism, religiös eska-

46 Public Religion Research Institute, 27/5-21.
47 Regeringskansliet, 2011, se t.ex. artiklarna 7, 13:2/14:1, 20:1, 22, 23:2, 25:1.
48 Tainter, 1988, s. 117.

tologi), och de kan åberopa olika auktoriteter (vetenskapen, förnuftet, historien, uppenbarelser).

Många utopier har förnekat eller satt en parentes för det som utgör grundläggande livsvillkor för människor, och haft totalitära eller sekteriska drag.[49] Utopin kan dölja att vi är sårbara och tillfälliga varelser med absoluta biologiska behov. Att vi är komplexa individer, beroende av andra och samhället, att vi formas på djupet av arv, inlärning och erfarenheter, att vi är olika och alltid kommer präglas av spänningar och konflikter och okunskap. Att allt som lever måste dö, och att döden är en ofrånkomlig del av livet. Utopin kan så bli en form av ogenomförbar eskapism, en vilja att fly sådant som utgör integrerade aspekter av livet för kroppsliga, sociala och dödliga människor. ”Utopister vid makten är en olycka”, som Ronny Ambjörnsson, professor emeritus i idéhistoria, formulerat det.[50]

Antiutopiskt tänkande, å andra sidan, blir lätt konservativt. I sin bok *Black Mass : Apocalyptic Religion and the Death of Utopia* argumenterar filosofen John Gray för det utopiska tänkandets beroende av en kristen världsbild. Jesus och hans tidiga efterföljare väntande på en omstörtning av den rådande ordningen, varpå Guds rike skulle etableras och göra slut på de onda krafternas härjningar. Den efterkommande kristendomen är, enligt Gray, i mycket ett försök att förhålla sig till det faktum att förutsägelserna inte slog in. Gray ser såväl kommunism och nazism som den li-

49 Jfr Ambjörnsson, 2004, s. 19: ”De tänkta utopiernas samhällen tenderar därför ofta att bli totalitära, utopisten söker bygga in olika mekanismer för att hindra förändring.”

50 Ambjörnsson, 2004, s. 20.

beraldemokratiska tron på utveckling som avkomlingar till den kristna berättelsens tro på det kommande riket av fred och rättfärdighet.[51] Gray skyller mycket av de senaste seklernas totalitarism och terror på det utopiska tänkandet:[52] ”Den bolsjevikiska revolutionen misslyckades med att skapa tusenårsriket. Tiotals miljoner dog för ingenting”, menar Gray”.[53]

Grays utopibegrepp är vagt definierat, det handlar om ”en projektion in i framtiden av ett modellsamhälle som inte kan förverkligas”.[54] Hans bok bortser i mycket från basala materiella förhållanden till förmån för idéers makt. Den vetter mot konservatism genom att uppskattande hänvisa till Hobbes syn på naturtillståndet som ett miserabelt liv utan samhälle i allas krig mot alla, och genom att idealistiskt tala om de inneboende defekterna i människan.[55] Även om Gray inte delar Hobbes syn på staten som räddning, betraktar han suveräna stater som de centrala aktörerna i ”world affairs”,[56] och ignorerar helt andra samhällssystem och aktörer än de statliga. Sociala rörelser har exempelvis haft visioner som initialt sågs som orealistiska men sedan förverkligats, men detta förbigås av Gray. Så även pacifistiska grenar av utopiska rörelser. Även om utopier ofta är orealistiska, är de ändå en reaktion på svåruthärdliga förhållanden, och en strävan som kan leverera resultat. Så vill vi verkligen ha ”ett

51 Om kopplingen mellan bibliska idéer och utopiskt tänkande, se även Ambjörnsson, 2004, s. 16–17 m.fl.
52 Gray, 2007, s. 1–11, min översättning.
53 Gray, 2007, s. 76.
54 Gray, 2007, s. 108.
55 Gray, 2007, s. 261–263, 265, 280.
56 Gray, 2007, s. 276.

samhälle utan utopier ... som sluter sig kring sin egen förträfflighet, i övertygelse om att alla alternativ är av ondo"?[57]

Vissa samhällskritiker föredrar att helt enkelt överge alla kollektiva visioner för att istället gilla läget. Kanske odla acceptans eller ägna sig åt livsnjutande, meditation eller transcendera vardagen genom mystika upplevelser. Detta är i alla fall något Gray slår ett slag för.[58] Det här är de privilegierades väg, som bara är tillgänglig för de som tryggt kan leva i sina borgar byggda på mindre lyckligt lottade människors och djurs ryggar och känna sig okej med det.

Författaren Roy Scranton, som skrivit *Att lära sig dö i antropocen : Reflektioner över en civilisations slut,* har av vissa kritiserats för att tillhöra samma kategori. Vi har misslyckats med att förhindra en okontrollerbar uppvärmning, menar Scranton, och "den kapitalistiska civilisationen som vi känner den är redan slut".[59] Nu måste vi lära oss att dö, odla vårt gemensamma kulturella arv, och "vara ljus", bara så kan vi överleva som mänsklighet.[60] Scranton föreslår ingen konkret strategi för hur vi skulle kunna överleva vår civilisation, men tvekar inte att rikta principiell kritik mot aktivism och förändringsarbete.[61] Det antiutopiska riskerar alltid att bli ett avsiktligt eller oavsiktligt försvar för den rådande ordningen.

57 Ambjörnsson, 2004, s. 20.
58 Gray, 2007, s. 292.
59 Scranton, 2019, s. 29–30.
60 Scranton, 2019, s. 30, s. 127–128.
61 Scranton, 2019, s. 85–95.

Jag tror inte att vi undkommer våra grundläggande livsvillkor, och, som jag ska argumentera för senare, inte heller vårt samhälle. Utopier, en längtan efter andra världar, en dröm om att överge samhället, kan vara en legitim reaktion på en kvävande livssituation, medan antiutopier å sin sida kan vara ett försvar för ett ohållbart status quo. Här vill jag ge uttryck för en längtan efter visioner om social förändring som *inte* proklamerar, som den globala rättviserörelsen brukade göra kring millenieskiftet, att "en annan värld är möjlig".

Vi behöver utopier kontra ideologier, för att stödja oss till motstånd och omställning. De får gärna vara radikala och djärva, men mindre gärna eskapistiska. De behöver inspirera till handling, men inte terror. Det är önskvärt att de tar hänsyn till att tillvaron aldrig kommer att bli som vi önskar, att framtiden är öppen.

Utopiska skärvor,[62] skulle vi kunna kalla det, varken mer eller mindre. Ingen av oss behöver tänka ut något idealsamhälle, men vi kan måla radikala förändringar. Vi kan enas i nej till vissa aspekter av dagens samhälle, och samtidigt sträva efter en mångfald av visioner.[63]

I den här boken är fokuset inte att teckna en samhällsvision. Den utopiska skärva jag vill bidra med här är ett förslag om en specifik fiende att bekämpa, ett visst fokus att bejaka, och en annan riktning att beträda.

62 Ambjörnsson talar om provisoriska, mindre storslagna utopier (2004, s. 20), men jag menar att vi behöver en något mer långtgående dekonstruktion av utopierna.

63 Jfr filosofen och sociologen John Holloway, 2010, kap. 11, IV–V.

3. Krigets redskap

Under coronapandemins andra våg införde den svenska regeringen hårdare restriktioner. Under den första vågen hade massiv och kärv kritik, nationellt och internationellt, riktats mot Sverige som ett av de relativt få länder som inte hakade på den globala lockdownvågen. Nu, senhöst och tidig vinter 2020, trappade regeringen upp. Först förbjöds allmänna sammankomster med fler än åtta personer, och från december och ett drygt halvår framåt blev rekommendationen dessutom att bara umgås i sin *bubbla* – i hushållet, alternativt med några få nära vänner.[64]

Under pandemins första våg hemsökte kollapsens spöke det kollektiva medvetandets korridorer. När hyllor i livsmedelsaffärer gapade tomma associerade

64 Sveriges politiska väg genom pandemin beskrivs utförligt och fängslande i journalisten Johan Anderbergs reportagebok *Flocken* (2021). Den ändrade strategin under andra vågen beskrivs från sida 313. (Anderberg tonar dock ned pandemins härjningar och risker väl mycket i mitt tycke.)

vi mer till Hollywoods många postapokalypser, än till kapitalistiska lagerfria produktions- och distributionskedjor. Som den isländske författaren Andri Snaer Magnason påpekar i ett PS till sin poetiska klimatbok *Om tiden och vattnet* betyder det grekiska ordet apokalyps att något avtäcks. Det visas i sin egentliga form.[65] Ridån dras undan. Och det var just vad covidkrisen gjorde. Samhällssystemet kollapsade inte våren 2020, däremot låg många sanningar om oss själva och våra samhällen i mer öppen dager än förut.

I de rika länderna lever många idag stora delar av sina liv i en bubbla, eller i en samling bubblor. Våra försörjningssystem och transportmedel, vår unika tillgång till teknik och bekvämligheter, och inte minst digitaliseringen som översvämmat vår tillvaro, gör oss avskärmade. Bildligt och bokstavligt. I det bleka skenet bakom skärmarna ser och känner vi få signaler från den mark som bär oss, den luft som omsluter och genomsyrar oss, de livsprocesser som föder oss, eller de arbetare som tillverkar de produkter vi använder.

Det betyder förstås inte att bubbel-livet är skyddat. Tvärtom anses den psykiska ohälsan globalt utgöra ett av de allvarligare folkhälsoproblemen, inte minst bland unga.[66] Vi är uppkopplade mot nätet, men frånkopplade från miljön och varandra, och sällan avkopplade. Det avskärmade livets kyliga andetag känns ständigt mot våra spända nackar.

Pandemin har både förstärkt, blottlagt och pickat hål på denna vår upplevda bubblighet och dess problematiska aspekter. En mikroskopisk partikel överförd

65 Magnason, 2021, s. 306.
66 WHO, 2020; "Global mental health", *Our world in data.*

från fladdermuskroppar kan förändra allas våra liv, mer avskärmade är vi inte.

Människans basbehov

Människan är en biologisk varelse, närmare bestämt ett stort, varmblodigt däggdjur med omfattande behov. Om vi inte lyckas tillföra och bevara tillräckligt med energi i lämpliga former bryts vi ned. Hur våra behov ska beskrivas och kategoriseras kan diskuteras, men har vi inte tillräcklig tillgång till syre, vatten, näring och skydd är vi finito. Dessa resurser måste tillföras utifrån, och vår kropp måste kunna återhämta sig och göra sig av med restprodukter. Vår omhuldade självständighet är därmed en chimär. Vi är inte autonoma, utan i bokstavligen varje ögonblick sammanvävda med omgivningen. Det sägs ibland att vi som en tumregel klarar oss tre minuter utan syre, tre dagar utan vatten, och tre veckor utan mat. Vi lever hela våra liv en hårsmån från döden. I åtminstone denna sårbarhet är vi alla lika, oavsett kön, etnicitet, ålder, rasifiering, boende, klass, utbildning eller religion, och det är villkor vi delar med andra livsformer.

Som art organiserar vi oss också i grupper som utvecklar gemensamma praktiker för att tillgodogöra oss resurser. Solidaritet och samarbete, hänsynstagande och kompromiss, är nödvändiga aspekter av ett liv i gemenskap. Utan andra kan vi inte födas, bli vuxna, fortplanta oss, prata eller ens tänka. Vi har socialt inlärda färdigheter för överlevnad, och helt isolerade bryts vid ned. Även gruppen som sådan har behov som måste mötas för att den inte ska bryta samman. Vi använder exempelvis avancerad kommunikation och språk i samarbetet, precis som många andra arter,[67] och denna måste fungera tillräckligt väl. Utöver detta måste vi som art förstås fortplanta oss för att fortsätta existera.

För att tillgodogöra oss resurser använder vi oss av olika medel. Vi har interna strukturer och processer på makro- och mikronivå, som händer och fötter, hud och lungor, matsmältning och hjärtslag, instinkter och reflexer, känslor och tankeverksamhet, celldelning och elektriska impulser i nervsystemet. Vissa aspekter som hjälper oss att tillvarata det vi behöver från omgivningen är viljestyrda eller medvetna, andra inte.

Vi samlar också element från vår omgivning som vi formar till redskap, något vi har gemensamt med många andra djur. Skator bygger som bekant bon och myror myrstackar, mindre känt är kanske hur kråkor skapar metspön av pinnar,[68] eller hur apor använder stenredskap.[69]

Vad jorden har att ge är begränsat, och biologiskt liv såväl samarbetar som konkurrerar med andra livsformer. Människan utgör inget undantag, inte ens den mest upplysta eller upphöjda individen. Den som inte kan få sina egna basbehov tillgodosedda är död på en vecka. Som antropologen James Scott säger i förbifarten i sin bok *Against the grain*, om de tidiga staternas framväxt, måste det antas om historiska aktörer att de

67 Se filosofen Eva Meijers bok *Djurens språk* för en fascinerande inblick i djurens språkvärldar.

68 Troscianko & Rutz (2015).

69 Greshko, 2019, i *National Geographic*.

”givet sina resurser och vad de vet … agerar för att säkra sina omedelbara intressen”.[70]

Den här konkurrenssituationen gör att den grupp eller art som besitter eller utvecklar överlägsna försörjningsmedel får en tydlig fördel. Ju effektivare försörjningsmedel, desto mer kan gruppen eller arten växa, på andras bekostnad. Om det finns en relation över tid mellan olika individer, grupper eller arter, där den ena parten äger mer kraftfulla försörjningsmedel finns förutsättningarna för ett ojämnt utbyte, för exploatering.

Redskapens makt

En grundtes i den här boken är att de redskap människan utvecklat och nyttjat för att möta sina basbehov har varit avgörande för vår framgång som art, och därmed också för vår kapacitet till utsugning. Det räckte inte med interna tillgångar som förmågor och ambitioner, eller ens sociala former som grupper, språk eller kosmologier, för att vi skulle ta över världen. Det kan finnas många aspekter som tillsammans förklarar människans succé, och vilken som var viktigast kan diskuteras. Men utan stenyxan, spjutet, plogen och ångmaskinen hade världen sett annorlunda ut.

Det verkar historiskt ha spelat mindre roll vilken grupp eller klass som haft redskapen i sin hand, vilka motiv de sagt sig ha, vilka ideologier eller religioner de omfattat. Om den tekniska möjligheten till utsugning finns, tenderar den att utnyttjas maximalt. Till

70 Scott, 2017, s. 59, min översättning.

och med mot egna ambitioner. När Norge, som hittade olja 1967, gjorde nya oljefyndigheter på 80-talet, blev den uttalade politiska strategin att vara försiktig och måttlig. Men oljetörsten tog över, och produktionen kulminerade långt tidigare än beräknat.[71] I början av 2021, trots klimatkrisens eskalering, fortsatte den norska staten att dela ut nya produktionstillstånd för oljebolag.[72]

Vid socialistiska revolutioner har ambitionen varit att störta den utsugande makten genom att arbetarklassens företrädare tar kontroll över produktionsmedlen. Men utsugningen har fortsatt, både av arbetarklassen och den ickemänskkliga naturen. ”En grundläggande, teknikfilosofisk fråga som vi bör ställa oss är om maskinen till själva sitt väsen primärt är ett medel inte för att bespara men för att *förskjuta* uttaget av tids- och rumsresurser till svagare samhällsgrupper”, skriver Alf Hornborg, professor i humanekologi i *Myten om maskinen.*[73]

Här gör sig uttrycket ”makt korrumperar” påmint. Men detta ordstäv förutsätter att människan först är okorrumperad. Det är ett koncentrat av en biblisk syndafallsberättelse: renhet – frestelse – fall. Men som vi varit inne på är människans natur ett spektrum av potential. Vi kan vara krigiska och fredliga, tävlingsin-

71 Journalisten Therese Uddenfeldt beskriver detta relativt ingående i *Gratislunchen.*

72 ”61 nya tillstånd för att borra efter norsk olja”, *Aktuell Hållbarhet,* 20/1-21.

73 Hornborg, 2010, s. 53. Hornborg besvarar sin egen fråga jakande i essän “Maskinen som komplott : Teknik som omfördelning av tid och rum” (s. 103–136).

riktade och samarbetsvilliga, aggressiva eller följsamma.[74] Olika sidor behövs i olika situationer för att fylla våra behov. Det handlar inte om objektivt bra eller dåliga egenskaper, inte om gott och ont skiljt från sitt sammanhang. Bra för vem? Dåligt i förhållande till vad? kan vara mer klargörande frågor än en metafysisk analys av kategorierna gott och ont.

Inte heller är vi alla likadana, den banala sanningen bakom de många delvis motsägelsefulla personlighetstesterna är att vi inte är massproducerade kopior. I alla samhällen och grupper finns personer som är mer inriktade på samarbete respektive konkurrens. Antropologer har, som jag återkommer till, visat hur även egalitära band av samlare-jägare har praktiker för att hantera maktlystna individer och sätta dessa på plats. Hierarkiska strukturer och kraftfulla redskap för exploatering premierar de mer konkurrensinriktade aspekterna av vår natur, och de individer som är mest bekväma med att inordna sig i en rangordning av makt.

Från pilbåge till pipeline

Om vi följer människans vandring genom historien kan vi snabbt ana samband mellan hennes försörjningsmedel å ena sidan och hennes våldsamma framgång å andra sidan. Människoarten *Homo erectus* jagade för åtminstone 1,7 miljoner år sedan, och en halv miljon år gamla fynd indikerar jakt med stenspetsspjut.[75] Homo erectus utvandrande från Afrika och

74 Errington & Gewerts, 2010, s. 339.
75 Wilkins m.fl., 2012.

spred sig över världen, inklusive över stora avstånd till havs. Och de använde eld. James Scott talar om elden som människans äldsta och effektivaste redskap för att omskapa den naturliga världen. Homo erectus använde elden på detta sätt redan för åtminstone 400 000 år sedan, bland annat som en del av jakten.[76] Som vi varit inne på har människans ankomst till nya områden de senaste 50 000 åren också sammanfallit med att andra stora arter utplånats. Mot slutet av den senaste istiden försvann exempelvis en rad stora djur från "Amerika" och Eurasien, bland annat mammuten.

Den geologiska epoken holocen, där människans inflytande expanderar kraftigt, brukar dateras från efter den senaste istidens slut, omkring år 11 700 f.v.t.[77] Tidigt i holocen finns tecken från bördiga halvmånen på att människan börjar modifiera vilda växter. Detta utvecklas över tid till omfattande jordbruk, djurhållning och *domesticering*, det vill säga att andra arter kontrolleras över generationer på ett sätt som förändrar deras natur. Men denna maktteknik kom inte som någon blixt från klar himmel. James Scott beskriver hur människan länge försökt modifiera och påverka sin omgivning för att skapa en gynnsam ekologisk nisch med hög avkastning, och kallar detta för "lågintensiv hortikultur".[78] När populationerna av stora däggdjur reduceras, exempelvis på grund av ohållbart

76 Scott, 2017, s. 38–39, jfr Harari, 2012, s. 20. Jfr också Lovelock, 2006, s. 186: "Perhaps our and Gaia's greatest error was the conscious abuse of fire … the deliberate destruction of whole ecosystems by fire merely to drive out the animals within was surely our first great sin against the living Earth."

77 Fairbridge (Britanica).

78 Scott, 2017, s. 68–70.

intensiv jakt, skapas också ett tryck på jägar-samlare mot förändrade försörjningsmönster.

Jordbruket, i sin tur, innebär ett konstant krig mot vilda småkryp och växter som hotar att förstöra skörden, och suger näring ur jorden, som urlakas om inte ett hållbart kretslopp kan skapas. De mest långvariga ekologiskt hållbara samhällena i människans historia har varit de som inte praktiserade jordbruk, menar miljöhistorikern John McNeill.[79] Förändringen till ett bofast jordbrukssamhälle innebar mer jobb, sämre hälsa, ökad dödlighet, och högre barnafödande, vilket i sin tur ökade behovet av exploatering.[80] Och inte minst mer prylar.[81]

De domesticerande arterna anpassas över generationer till ett liv i stora grupper som är lätta att utnyttja. De domesticerade djuren är mindre aggressiva, mer följsamma, och mindre benägna att reagera med rädsla på stimuli. De ser även annorlunda ut än sina vilda föregångare.[82] Antropologen Brian Hare har argumenterat för att mänsklig självdomesticering förklarar såväl människans som bonobons stora kapacitet till samarbete och gemenskap, jämfört med chimpanser och gorillor.[83]

Någon entydig utvecklingslinje från jordbruket via stater till högteknologiskt industrisamhälle finns inte. Det gick årtusenden från byar baserade på jordbruk till stater växte fram. Överallt fanns ett motstånd mot sta-

79 Scott, 2017, s. 111; McNeill, 2009, s. 362.
80 Scott, 2017, s. 18, 94–96, 107, 108; Harari, 2010, s. 85–.
81 Harari, 2010, s. 50.
82 Scott, 2017, s. 79.
83 Hare m.fl., 2011, 2020.

ten, och det ska ta ytterligare flera årtusenden innan den blir den globalt dominerande organisationsformen.[84] De första staterna i Mesopotamien krävde specifika förutsättningar: ett bördigt område, generös vattentillgång, hög befolkningstäthet och odling av någon gröda som var enkel för den spirande eliten att kontrollera, räkna och samla in i form av ”skatt”.[85] Den första stadsstaten Uruk, 3 200 f.v.t., hade en omgärdad mur, rustade soldater och tiotusentals invånare. ”Murar skapar stater” som James Scott säger.[86] I staten blev tvångsarbete och slaveri centralt, erövringskrig och krigsfångar bidrog till samhällets expansion, och med staterna följde också en mänsklig befolkningsexplosion.[87] Religionshistorikern Karen Armstrong menar att ”den agrara civilisationen möjliggjorde detta systemiska våld för första gången i människans historia”.[88]

Om jaktens redskap, och senare jordbrukets och staternas maktapparater, innebar en kraftig intensifiering av människans utsugning av och krig mot naturen, är det ändå inget mot vad som skett de senaste århundradena. På industrialiseringens grund växer Systemet fram under 1800- och tidigt 1900-tal - en alltmer global ordning av militaristiska nationalstater uppbyggda kring den kapitalistiska ordningen med lönearbete och vinstmaximerande företag. Den verkliga skjutsen följer på andra världskriget i det som beskrivs

84 Scott, 2017, Zeder, 2011.
85 Scott, 2017, s. 128.
86 Yoffee, 2009, s. 182; Scott, 2017, s. 118–119, 137.
87 Scott, 2017, s. 12, 29, 96, 152, 180, 188.
88 Armstrong, 2014, s. 21.

som ”den stora accelerationen”.[89] Att det sker efter kriget är heller ingen tillfällighet. Professorn i industriell utveckling Staffan Laestadius beskriver andra världskriget som en ”katalysator för statligt ledd teknikutveckling”.[90] Det mesta har sedan hänt det senaste halvseklet, under min livstid. Den stora accelerationen är tiden som präglas av välfärdssamhälle och wifi, bekämpningsmedel[91] och mänskliga rättigheter, kärnvapen och fondsparande.

Vi skulle kunna se hela vårt samhällssystem som en väldig maskin som, samtidigt som den skapar välstånd, ständigt byggs till och underminerar såväl den mänskliga som den ickemänskliga naturen. Staden där jag bott de senaste 20 åren, Örebro, har de byggt på i över 750 år, ändå blir den aldrig färdig. Tvärtom verkar det som om expansionen går allt snabbare. Ljuden från skogsmaskiner och stenbrott, från motorvägar och flygplan, primärt i stadens marginaler, vittnar om den eskalerande förstörelse som är utvecklingens undersida.

Men samhället är ingen homogen enhet där allt drar i samma riktning. Det är ett skiktat och spänningsfyllt myller av olika interagerande intressen och subjekt. Och det finns avgörande skillnader i utsugningens intensitet, och där är själva redskapen i kriget mot naturen centrala. Spjuten och pilbågarna, murarna

89 Laestadius, 2021, s. 144–145, Hamilton, 2017, s. 142–.

90 Laestadius, 2021, s. 202.

91 Carson, 1962, s. 25–26 påpekar hur en del av de kemiska bekämpningsmedlen utvecklades just under kriget och att “många av dessa preparat används som vapen i människans krig mot naturen” (s. 18).

och svärden, dynamiten och stridsvagnarna, gruvmaskinerna och slaktbilarna, fisketrålarna och skogsmaskinerna.

Förutom att dessa vapen har blivit allt effektivare flyttar de också utsugningen och våldet längre från våra blickar och kroppar. Över tid har våra redskap blivit allt bättre på att övervinna det centrala problemet för all krigföring: vår fundamentala aversion mot våld. Det är principiellt omöjligt för oss att döda någon när vi ser dem i ögonen, skriver historikern Rutger Bregman i *Humankind*.[92]

92 Bregman, 2020, s. 221.

4. Ickevåldets våld

Politiska ledare av idag har en fäbless för att ”ta avstånd från våld”. Samtidigt styr de över landets väpnade styrkor och strukturer. De vill ha fler poliser, längre fängelsestraff, frekventare utvisningar och starkare försvar. Med liv och lust investerar de växande mångmiljardbelopp i dessa institutioner och deras vapenarsenaler. De bygger också sin makt på allianser med våldsamma verksamheter som djur- och fossilindustrin. Hur ska vi förstå denna motsägelse?

Sociologer och historiker har ingående beskrivit processer som över tid minskat det råa och öppna våldets popularitet. För brutaliteten har inte alltid varit tabu.

1500-talets anabaptister,[93] som tillhörde den radikala grenen av reformationen, gjorde sig ökända genom ett utbrett motstånd mot det de kallade ”svärdet”,

93 För mer om anabaptistisk historia inklusive källor, se Lundström, 2006, 2015; Williams, 1995.

samhällets organiserade våld. Förutom att vägra vapen ville den anabaptistiska huvudfåran inte avlägga ed till överheten, eller låta sina barn döpas in i den etablerade kyrkan. De organiserade sina församlingar (mer) demokratiskt och formade en kärv sekteristisk inre disciplin, och praktiker för att hantera snedsteg som inte lutade sig mot straffande våld. De strävade också efter att praktisera enkel livsstil, ekonomisk utjämning, och i vissa fall egendomsgemenskap.

Rörelsen sågs redan från början som ett hot av samhällets ledarskikt, och detta förstärktes av kontakter och överlappningar mellan rörelsen och revolutionära grupperingar. Bland annat fanns brevkorrespondens mellan de första anabaptistiska ledarna och den apokalyptiskt inriktade predikanten Tomas Müntzer, som var en viktig ledarfigur i bondekriget 1525. En hård förföljelse inleddes och hejades på av både protestantiska och katolska ledare, och tusentals anabaptister avrättades. Repressionen eskalerade ytterligare efter det anabaptistiska experimentet i Münster. Staden, i nuvarande västra Tyskland, togs i början av 1530-talet över av icke-pacifistiska anabaptister, som under några år formade en blodig och brutal apokalyptisk diktatur innan upproret slogs ned.

I maj 1527, några år innan Münster, dömdes en av de tidigaste pacifistiska ledarna i Zürich, Michael Sattler, till döden. Enligt vissa källor ska avrättningen ha gått till så att ett antal större *köttstycken* slets från hans kropp med glödande järntänger, varefter hans tunga skars av, innan han brändes levande på bål. Hans hustru Margaretha, som var nybliven mamma, dränktes, och flera av deras kamrater, halshöggs.

Detta var en tid när poängen med repression var *den offentliga brutaliteten*. Det handlade om att utöva hämnd genom att rikta ett skrämmande våld mot kroppar. Motivet var dubbelt, det handlade dels om att utrota det onda och om att avskräcka andra.[94] De anabaptistiska ledarna för upproret i Münster torterades och avrättades, varefter deras tre kroppar placerades i gallerburar som hissades upp i kyrktornet i den katolska S:t Lamberts-kyrkan, till allmän beskådan. Burarna hänger kvar där än idag.

Har människan blivit snällare?

Sociologen Norbert Elias har talat om den *civiliseringsprocess* som utmanat och underminerat de öppna våldsexcesserna. Sociologen och filosofen Michel Foucault har visat hur det grymma, avskräckande våldet över tid ersätts med mer diffusa kontrollmekanismer. Dessa har, menar han, koncentrerats i (men inte begränsats till) moderna institutioner som fängelsesystemet och polismyndigheten.

Som individer verkar vi över lag och över tid ha blivit mindre våldsamma, eller i alla fall mindre uppenbart brutala, men det är inte nödvändigtvis enbart ett modernt fenomen. Antropologen James Scott är en av de som här gjort jämförelsen med våra domesticerade husdjur. Över generationer har de, och

94 Jfr Ambjörnssons beskrivning av rättsprocessen mot den svenske 1600-talspacifisten Johannes Olai Rahm och den historiska kontexten, och om utopisten Anders Pedersson Kempe (1622–1689) som var hans inspirationskälla (Ambjörnsson, 2004, s. 40–44).

kanske också vi, anpassats för ett inrutat liv i tätbefolkade miljöer där större följsamhet och mindre rädsla, aggression och flyktbenägenhet premieras.[95]

Som art däremot är det våld vi utövar idag som vi sett utan jämförelse. Det är främst riktat mot den ickemänskliga delen av naturen och de ickemänskliga djuren, men det betyder inte att det försvunnit ur det mänskliga samhällets interna sätt att fungera. Det har istället institutionaliserats i ekonomiska klyftor och specialiserats i utsugning som skyddas av en uppsättning våldsspecialister, som poliser, militärer och ordningsvakter. Detta gör att de flesta inte ser våldet i sin vardag. Medvetenheten om, och fascinationen inför våldet sipprar istället fram i populärkulturens enorma upptagenhet av strider och brutalitet.

Om det systematiska våldet i samhället blottläggs blir det omedelbart en provokation. Mina första lagbrytande aktioner som aktivist handlade om asylfrågan. Vi samlades utanför flyktingfängelser i samhällets utkant för att störa eller förhindra deportationer med våra kroppar, och möttes av massiva och våldsamma polisinsatser.[96] Det statliga, rasistiska våldet mot ickevita flyktingar och migranter måste osynliggöras. I synnerhet vid denna tid när det fortfarande var norm i den politiska offentligheten att prata om öppenhet och solidaritet i förhållande till människor på flykt. Även det strukturella våldet mot de fattiga fungerar på liknande sätt, något som debatten kring och lagarna mot tiggeri illustrerat, från 1800-talet fram till

95 Scott, 2017, s. 79–80, 83–84.
96 Några berättelser om det här och en systemkritisk granskning av kontexten finns i *Batongerna slår nedåt* (Lundström, 2016).

våra dagar. Många verkar inte stå ut med att möta fattigdom när man ska handla.

Men inte bara det mellanmänskliga våldet behöver gömmas undan. Under åren 2017–2020 deltog jag varje månad i demonstrationer utanför slakterier på en handfull platser i Sverige. Djurindustrin lägger enorma belopp på att skapa attraktiva bilder av djur i trevliga miljöer eller av den färdigpaketerade produkten. Det våld som är de domesticerade djurens vardag säljer inte. Det är därför inte så konstigt att vår närvaro utanför slakterierna, som var helt utan våld eller hot, uppfattades som så störande att polisen tillkallades på rutin och inte sällan försökte flytta på oss eller få oss att lämna platsen trots att lagstöd saknades. Vid ett tillfälle blev jag inlåst på arresten efter att stått utanför slakteriet och filmat med en mobiltelefon. Lastbilsförare har på rutin kört mot rött när aktivister funnits i närheten, och även gång på gång vägrat stanna trots att det stått eller suttit aktivister väl synliga i vägen för fordonen, till och med på övergångsställen.[97] Att ingen dött i Sverige utanför slakterierna beror enbart på aktivisters riskmedvetenhet och säkerhetstänkande, och säkert på ett mått av tur. I Toronto blev den 65-åriga aktivisten Regan Russell brutalt överkörd och dödad utanför ett slakteri i juni 2020.

Det öppna, normbrytande våldet däremot syns desto mer. Medias upptagenhet med gatuvåldet upphör aldrig att fascinera. Skjutningar på öppen gata uppfattas som barbariskt (om det inte är polisen som skjuter, förstås). Industriella slakterier, läger eller

97 Några exempel som fastnat på film finns på Save Movement Sveriges youtube-sida. Se också GP (31/10-2018), ”Dömd chaufför får stöd från hela landet.”

fängelser för flyktingar, klimatförstörelse eller artutrotning, det är modernt och civiliserat, så länge det sker i demokratier, om vi bara inte talar för mycket om det.

Att ”ta avstånd från våld” är att två sina händer, vända bort blicken, låta någon annan greppa bultpistolen, och sedan ta för sig av köttet.

Ickevåldsaktivismens spänningar

Jag menar att det här ambivalenta förhållningssättet till våld har påverkat även aktivistiska sammanhang. Där politiskt motstånd rört sig bortom lydiga, tillståndsgivna demonstrationer är principer från pacifistiska grupper, civil olydnads- och ickevåldstraditioner vanliga. Våld är här uteslutet från aktivisternas sida, och även den som utsätts för övergrepp och våld under aktioner förväntas svara med kärlek och respekt. Minsta tecken på irritation, fientlighet eller fysiskt motstånd kan uppfattas som våldsamt. Till och med den som blir föremål för våld riskerar att skuldbeläggas som en provokatör som själv bär skulden till våldet.

I samma andetag osynliggörs det systematiska våld som ligger inom de normativa ramarna. Det är enklare att lägga ansvaret för våldet på aktivister eller marginaliserade personer och grupper än att problematisera etablerade institutioner. Poliser som kommer beväpnade, släpar bort aktivister med kroppsstyrka, utsätter människor för psykisk och fysisk smärta, och låser in dem i kala betongrum kan få beröm och beskrivas som snälla och fredliga. ”Police, we love you", som aktivister deklamerade under klimatupproret i London våren 2019.[98] Aktivismen förväntas ske öppet, och åtgärder för att skydda sig själv, som maskering, nödlögner eller döljande av sin identitet problematiseras. Tvärtom ska aktivisten vara beredd att "ta sitt straff", att tappert och gärna med ett leende härda ut när hen utsätts för våld, förolämpningar och våldshot. Att offra sig själv ses inte sällan som något vackert. Det är dubbla måttstockar och helt olika skalor när det gäller att mäta vad som anses som våld bland aktivister och vad som anses som våld från statens sida. Aktivisten och författaren Peter Gelderloos har kritiskt belyst detta i boken *How nonviolence protects the state*.[99]

Synen på våldet pekar också mot en vålnad som hemsöker (bland andra) aktivistiska kretsar, nämligen den moralistiska, självgoda renhetsivern. Att en del av motståndet mot utsugning bottnar i en etisk indignation, en vrede mot orättvisor, en empati med de utsatta, är inga konstigheter. Detta är bränsle till politiskt förändringsarbete. Det är också sunt att ha föredömen, och att sträva efter att växa och mogna etiskt. Men om poängen blir att inte låta sig befläckas, att demonstrera att en själv inte tar del av förtrycket, snarare än att faktiskt motverka våldet, då blir fokus skevt, i alla fall om man vill arbeta med samhällsförändring. Avståndstagande och fördömande blir då centralt, och betoningen hamnar på individens moraliska strävan. Till-

98 Videoklipp finns på nätet om man googlar "Police we love you" och "Extinction Rebellion". Extinction Rebellion UK gick sommaren 2020 ut med ett mer poliskritiskt uttalande efter den debatt som följde (Extinction Rebellion, 1/7-20).

99 Gelderloos, 2018.

tron stärks till att samhällsförändring sker främst genom att individer övertygas med hjälp av argument, information eller agitation, ungefär som i evangelikal kristen tradition.[100]

Pacifism och veganism är två ideologier som färgas av detta. Som praktiker har jag inget otalt med pacifism eller veganism, tvärtom är jag själv både vapenvägrare och vegan. Men ofta genomsyras dessa praktiker av ett synsätt som går ut på att pacifisten inte använder våld och att veganen står utanför djurförtrycket. Samtidigt vet vi att även veganer och pacifister är djupt delaktiga i strukturer som förstör planeten, utrotar arter och håller människor i förtryck. Medelklass-ickevåldarens ekonomiska privilegier i nord skyddas av en massiv våldsapparat i form av gränser, polismakt och militär, och hens mat produceras i varje led på ett sätt som dödar ickemänskkliga djur. Dogmatiska pacifister måste också läsa historien på ett påtagligt enögt sätt. Sociala rörelser, arbetarrörelsen, kvinnorörelsen, miljörörelsen, de antikoloniala rörelserna, djurrättsrörelsen, med flera, har nämligen alltid haft en militant flank som hotat med något mått av våld för att nå sina syften.[101]

I ljuset av det vi varit inne på tidigare, att människan är en biologisk varelse, ett däggdjur, en primat, en apa med appar, finns det ett annat basalt problem med ickevåldstänkandet. För att leva drar vi alla av en begränsad mängd energi och utrymme. Och denna kon-

100 För en kritisk diskussion om informationens roll i samhälleligt förändringsarbete - se ”Informationsfällan” i Andersson m.fl., 2019, s. 85–100.

101 Se Malm, 2020; Gelderloos, 2018.

kurrens är våldsam, oavsett hur begreppet våld definieras. Bara att röra sig är att döda och skada, och det finns alltid andra livsformer som saknar något grundläggande som jag tar för mig av. Till och med fruktarianen som sopar marken framför sina fötter för att inte kliva på någon insekt kan äta ett äpple som många insekter annars skulle kunna ha delat på.

I vårt samhällssystem måste de flesta inte själva slåss eller döda för att få sina behov tillfredsställda, men det beror enbart på att våldet sker någon annanstans och utförs av någon annan. ”Att leva är att orsaka död”, som Helena Granström skriver i den poetiska civilisationskritiken *Alltings mått.*[102] Principiellt ickevåld, ickevåld som ideologi, antivåld när den är rasande retorik från maktens munnar, är en ovilja att ta ansvar för våldet, ett försök att tänka bort våra ofrånkomliga livsvillkor. Det är ingen tillfällighet att många ickevåldsdogmer är intimt kopplade till religiösa traditioner där människans yttersta destination är att inte ta plats på jorden, utan att vara ande, att uppgå i himlen eller nirvana. Det biologiska livet blir då lätt något som kan offras för högre syften.

Efter de här svärdshuggen mot ickevåldet kan det vara på plats att också ta detta i försvar. Om vi börjar i strategiska och taktiska överväganden är självfallet ickevåldsliga manifestationer ofta det rimligaste upplägget i dagens samhälle. En uttalad ickevåldsintention kan bland annat ha en återhållande effekt på svårförutsägbara risker och situationer, och därför bli mer inbju-

102 Granström, 2008, s. 64.

dande och inkluderande än aggressiv och stökig konfrontation.

Men bortom strategi skulle vi också kunna se pacifistiska traditioner som en slags pedagogisk överdrift. Som en vass kritik av människans överdrivna och många gånger onödiga våldsanvändning och utsugning. Den här kritiken kan neutraliseras genom att kritikerna beskrivs som personer med ett särskilt uppdrag, en speciell gåva. De uppfattas ha en livsstil och övertygelser som passar nunnor och munkar, helgon och profeter, radikaler och revolutionärer. För inte kan väl deras budskap vara riktat till alla, eller till våra samhällssystem? Ett komplext samhälle kan stå ut med några samvetsömma vapenvägrare, men inte med ett utbrett, radikalt krav på avrustning. Dessa försök att ta udden av deras kritik till trots har ickevåldsivrarnas uppfordrande och ibland lockande närvaro i militaristiska samhällen ändå alltid skavt.

En annan poäng jag ser i kritiken av våld är att de medel som brukas i kampen för förändring behöver peka i samma riktning som målen. Ändamålen helgar inte medlen. Krig kan bara vinnas genom att fienden utplånas eller förtrycks. Men människor delar tillsammans med andra levande varelser åtminstone vissa basala behov som vi försöker tillfredsställa utifrån våra specifika livsförhållanden, personligheter och föreställningar. Mänskligheten går inte att dela in i onda och goda, och försöken att utplåna ondskan genom att dominera eller exkludera vissa individer eller grupper ur det mänskliga samhället är dömda att misslyckas.

Ickevåldstraditionens sanning är därför, vill jag hävda, att det vi behöver inte är väpnad kamp. Vi behöver kamp mot vapnen. Och om det känns som en omöjlig uppgift kan vi påminna oss om att vapen slits ut, maskiner rostar och system förändras, förr eller senare.

5. Systemets skymning

Det mesta har ett slut. Detta kan vara en såväl tröste-rik som hotfull tanke. Smärtan upphör, men även för-mågan att känna smärta. Vänskaper bryter samman el-ler tynar bort, men det gör också fiendskaper. En sömnlös natt såväl som en dag av energi går över i nå-got annat. Djurarter, ideologier, naturfenomen, ja till och med solen, har en ände. När vi dör faller vi över tid samman i mikroskopiska beståndsdelar och uppgår i naturens kretslopp. Vi lever vidare genom det vi läm-nat efter oss, och i minnen och berättelser, men till sist är även det utsuddat. Hållbarhet är alltid relativt.

Som människor är vi vana vid förändring, men möter ofta denna i form av långsamma, linjära och mindre märkbara processer. Men komplexa system, såväl biologiska och samhälleliga som ekologiska, förändras inte bara på dessa sätt. Entropilagen säger att företeelser tenderar att röra sig mot oordning. Ett system kan också belastas så hårt att det genomgår en plötslig, fundamental omstrukturering och når ett helt nytt jämviktsläge, eller bryter samman. Biologiska varelser kan dö, samhällen kan kollapsa, och jordsystemet kan förändras till ett tillstånd som inte välkomnar det mänskliga livet.

Det komplexa samhällets sårbarheter

Vissa företeelser är mer hållbara än andra. Samhällen är oftast mer stryktåliga än individer, och arten är större än de samhällen den härbärgerar, och överlever i regel dessa.

Komplexa samhällen är imponerande, men vekare än man kan tro. ”Civilisationer är sköra, obeständiga företeelser”, skriver antropologen Joseph Tainter i inledningen till sitt banbrytande arbete *The collapse of complex societies* från 1988.[103]

I 95 procent av den mänskliga erfarenheten på jorden levde vi i små, mobila, utspridda och relativt jämlika band av jägar-samlare, skriver James Scott, men räknar då ändå bara *Homo sapiens,* inte äldre människoarter som neandertalare och homo erectus.[104] Tainter tar i lite mer: ”Under flera miljoner år levde igenkännbara människor i politiska enheter som bestod av små, autonoma grupper som agerade självständigt och i hög grad självförsörjande”.[105] Sådana grup-

103 Tainter, 1988, s. 1, jfr Scott, 2017, s. 183.
104 Scott, 2017, s. 5.
105 Tainter, 1988, s. 24, min översättning. ”Throughout the several million years that recognizable humans are known to have lived, the common political unit was the small, autonomous community, acting independently, and largely self-sufficient.”

per och samhällen kunde (och kan) sinsemellan uppvisa en enorm variation i sedvänjor, normer, organisation, kosmologi och språk, även inom begränsade geografiska områden.[106]

Att komplexa samhällen och stater uppkom för fem tusen år sedan betyder, som jag skrev i ett tidigare kapitel, inte att fenomenet direkt ersatte tidigare samhällsformer. Det gick 4 000 år mellan jordbrukets framväxt och de på jordbruk baserade staternas uppkomst, menar antropologen Melinda Zeder.[107] Många grupper och individer gjorde aktivt motstånd, och staten kan, enligt Scott, anses vara den globalt dominerande samhällsformen först kring år 1600 v.t.[108]

Tainter beskriver hierarki och komplexitet som något som kräver konstant förstärkning.[109] Hållbarhetsforskaren Luke Kemp har i en överblick över äldre civilisationer hävdat att tiden dessa komplexa samhällen består varierar kraftigt. I snitt har de samhällen Kemp redogör för varat i 336 år. Kemp menar att kollaps kan vara ett normalt fenomen för civilisationer, oberoende av storlek och stadium.[110]

Vilka sårbarheter har då *vårt* samhällssystem, och hur kan framtiden tänkas se ut?

106 Jfr Harari, 2010, s. 51, Graeber, 2004.
107 "Stable and highly sustainable subsistence economies, based on a mix of free-living, managed, and fully domesticated resources now seem to have persisted for 4 000 years or more before the crystallization of agricultural economies based primarily on domestic crops and live stock in the Near East." Zeder, s. 230–231, jfr Scott, 2017, s. 117.
108 Scott, 2017, s. 8, s. 14.
109 Tainter, 1988, s. 24.
110 Se artikel av Kemp (2019) hos BBC Future.

Komplexa system kännetecknas av att de har många beståndsdelar som interagerar. Samhällets grad av komplexitet har att göra med hur stort det är, hur många hierarkiska nivåer det har, omfattningen av specialiserade roller, och graden av social heterogenitet.[111]

Tainter ser samhällen som problemlösande enheter, och fokuserar på det komplexa samhällets högre behov av energiflöden. När dessa samhällen möter utmaningar tenderar de att hantera dessa genom att addera nya lager av komplexitet, och därmed öka behovet av energi. Det utvecklas ny teknik, tillsätts en utredning, byggs ny infrastruktur, anställs fler experter.[112] Tainter utvecklar mot denna bakgrund en övergripande teori om samhällskollaps, och prövar denna mot en rad äldre komplexa samhällen som förändrats hastigt. Problemet Tainter ser är att över tid tenderar avkastningen på investerande arbetstimmar att avta.[113] Detta har att göra med att de resurser som är enklast att hitta och utnyttja, ”de lågt hängande frukterna”, går åt först.

Tänk dig att du och ditt crew, som mot alla odds överlevt zombieapokalypsen, först (bokstavligen) plockar den lägst hängande frukten i skogen där ni vandrar. Om den tar slut kanske ni istället skjuter och käkar älgarna i närområdet. (Nu brukar det i och för sig inte att finnas något överflöd av frukt där det finns älgar, men du fattar...) När älgarna är borta etablerar ni en trädgårdsodling, och när vattnet som behövs till grödorna visar sig otillräckligt bygger ni bevattnings-

111 Tainter, 1988, s. 23; Diamond, s. 287.

112 Tainter, 1988, s. 91–92.

113 Tainter, 1988, s. 95, s. 109–118.

kanaler. För att gräva kanalerna behövs metall för att göra spadar och plogbillar, för att organisera arbetet behövs fler experter, och så vidare. Så småningom har ett helt samhälle vuxit fram. Ju mer komplext allt blir, desto mer käk kan ni producera. Men till sist kommer också en punkt där utdelningen på allt investerat arbete inte längre ökar.

Tainter menar att principen om de lågt hängande frukterna gäller på en lång rad områden: uppfinningar, arbetskraft, matproduktion, ledarskap, utvinning av energi och mineraler. Resultaten kan bli storslagna, speciellt i den initiala expansionsfasen, men så småningom ökar inte utvinningen av resurser, trots allt mer arbete och komplexitet.

När väl samhället nått den punkt där avkastningen krymper har en sårbarhet uppstått, som förr eller senare kommer göra sig påmind.[114] En tillbakagång står för dörren. När detta hot hanteras genom att maximera försöken till utvinning och pressa samhället till ytterligare insatser, stiger kostnaden för varje bidragande enhet. Detta tenderar att öka incitamenten för enheterna att göra motstånd.[115] Folk måste jobba allt hårdare och längre till allt lägre löner, och blir därför alltmer missnöjda, exempelvis. Detta i sin tur måste bemötas genom ökad repression i form av expanderande resurser till de väpnade styrkorna, lagstiftning och andra tvångsmedel, och/eller insatser för att stärka legitimiteten för regimen. Men detta kräver ännu mer energi.[116] Till sist går nedgången inte längre att skjuta upp,

114 Tainter, 1988, s. 121.
115 Tainter, 1988, s. 118, 121.
116 Tainter, 1988, s. 119.

oavsett om den sker i form av en kollaps eller på annat sätt.[117]

Tainters analys pekar mot det som Helena Granströms beskrivit som ”exploateringens paradox” - den som exploaterar blir beroende av den eller det som exploateras.[118] ”Kugghjulen har dragit oss in i själva maskinen som vi trodde var vår slav”, med djupekologen Arne Naess ord.[119] Kanske är det, som Scott och Harari påpekar, till och med människan som domesticerats av vetet, snarare än tvärtom.[120]

*

Ett annat sätt att beskriva det komplexa samhällets sårbarhet är att undergången byggs när det finns ett *överutnyttjande av förnybara resurser* (som skogar, hav, arbetskraft), eller ett *utnyttjande av ickeförnybara resurser* (som fossila bränslen[121], mineraler, sten), eller *om resursbaser förstörs* (jordar utarmas,[122] nyck-

117 Jfr Iñigo Capellán-Pérez m.fl. (2019), som menar att en snabb klimatomställning till förnybart år 2060 skulle ge en grad av avkastning på investerad energi ”well below the thresholds identified in the literature required to sustain industrial complex societies”.

118 Granström, 2008, s. 58.

119 Naess, 1989, s. 24.

120 Scott, 2017, s. 86–91.

121 I strikt mening är fossila bränslen förnybara, men över så lång tid att det blir irrelevant ur ett mänsklig perspektiv.

122 Enligt IPBES, 2018, är ”degradation of the Earth’s land surface through human activities ... negatively impacting the well–being of at least 3.2 billion people” (s. 10). ”Rapid expansion and unsustainable management of croplands and grazing

elarter slås ut, klimatet förändras, glaciärer smälter[123], haven försuras[124]).

Vårt samhällssystem genomsyras som bekant av samtliga dessa resursrelaterade skörheter.[125] Det är en utveckling, eller avveckling, som dessutom gått rasande fort det senaste halvseklet. Vi sågar därför per definition av grenen vi sitter på. Tidigare samhällen och deras människor kunde ibland migrera till andra områden där resurserna var intakta, eller genom aggressiv erövring lägga under sig resurser från andra samhällen. Någon sådan realistisk utväg finns inte för dagens globala civilisation.

Måhända tycker vissa läsare att jag i den här boken kringgår frågan om ekonomi. Ur ett perspektiv kan inget vara mer missvisande. En klassisk definition av ekonomi är ”hushållning med begränsade resurser”. Det är här ett huvudtema. Ur en annan synvinkel, om ekonomi knyts till pengar, stämmer det att jag undviker den aspekten. Det betyder inte att det är oviktigt, men jag vill vrida fokus mot de naturresurser som vårt samhälle bygger på. Det har uppenbarligen varit möjligt att ha en enorm ekonomisk tillväxt, mätt i BNP, som byggt på en ekonomisk utarmning, mätt i naturresurser. Pengar är i detta avseende ett luftslott, en idé om skuld som när som helst kan gå upp i tom-

lands is the most extensive global global direct driver of land degradation (s. 14).

123 Se Magnason, 2021.

124 ”Havsförsurning”, Havs- och Vattenmyndigheten.

125 Se t.ex. King och Jones (2021) i *Sustainability* för en aktuell sammanfattning.

ma intet enbart på grund av förändrade mönster i sociala förväntningar.[126]

Vår globala civilisation har, förutom att vi delar ovan nämnda sårbarheter med tidigare samhällen, också nya unika öppningar i vår rustning. Klimatförändringarna är förstås en sådan, en aspekt av den unika påverkan vår civilisation har på ekosystemen. Forskare vid Stockholm Resilience Centre har varnat för att jordsystemet långsiktigt riskerar att stabilisera sig på en nivå fyra till fem grader högre än förindustriella nivåer, även om Parisavtalets åtaganden uppnås. Detta skulle, menar de, leda till havsnivåer 10 till 60 meter ovanför dagens.[127]

Den högteknologiska, globala apparaten kan tyckas imponerande, men den gör också att slag mot systemets grundvalar kan sprida sig genom hela samhällskroppen och få hela bygget att skaka.[128] Oförutsägbara händelser och katastrofer drabbar alla samhällen. I ett tätt sammanvävt och hyperkomplext globalt system som vårt där ingen ”utsida” finns kan effekterna bli förödande. Vi har sett det med coronapandemin, som ändå i skrivande stund är relativt mild jämfört med en del andra pandemier vi haft eller kommer att ha. Tänk om dödligheten istället skulle varit många gånger högre, som med coronavirusutbrotten Sars-

126 Här rekommenderas varmt David Graebers *Skuld : De första femtusen åren* om pengarnas historia.

127 Rockström m.fl., 2018.

128 ”Vårt globala ekonomiska system lider av något som på 70-talet kallades hyperkoherens, det vill säga det är alltför sammanhängande”, säger humanekologen Alf Hornborg i en intervju om risken för civilisationskollaps i början av coronapandemin. (Jonasson i *Landets fria*, 13/3-20)

cov-1 år 2002 eller MERS år 2012, eller om nya, mer vaccinresistenta mutationer av SARS-cov-2 går i den riktningen?[129] James Scott argumenterar (innan covid-19-pandemin) för att många av de tidiga komplexa samhällenas kollapser kan ha orsakats av epidemiska sjukdomar.[130] Deborah MacKenzie, vetenskapsjournalist med inriktning på sjukdomar, har i sin bok om covid-19 beskrivit risken för samhällskollaps i samband med pandemier.[131] Andra filmiska risker för vårt samhällssystem är solstormar (som kan störa elsystemen),[132] kometer[133] och vulkanutbrott.

Det komplexa samhällets tendens att hantera problem genom att lägga till nya lager av hierarkier ökar också ojämlikheten i samhället. Detta förstärker sociala spänningar. Skillnader i resurstillgång mellan olika grupper, klasser, kön, folk eller geografiska områden riskerar att leda till konflikter. I ett globalt system kan dessa eskalera bortom kontroll, och det är inte svårt att se framför sig hur detta skulle kunna leda till kollaps. Men ojämlikhet skapar inte bara spänningar, det går också hand i hand med andra bekymmer. Epidemiologerna Kate Pickett och Richard Wilkinson har i sin omtalade bok *Jämlikhetsanden* och dess uppföljare jämfört rika samhällen, och visat på de starka sambanden mellan erkända samhällsproblem och graden av ojämlikhet i ett samhälle.

129 McKenzie, 2020; Hewings-Martin i *Medical News Today.*
130 Scott, 2017, s. 97.
131 MacKenzie, 2020, s. 202–207; Anderberg, 2021, s. 51–52.
132 NASA, 2012.
133 *AFP/The Guardian,* 23/12-15.

Kollaps eller nedrustning?

En kollaps har historiskt inte inneburit någon total utplåning av en civilisation. Det har istället handlat om att samhället sönderfaller i mindre enheter, till ”den lägsta nivån som är ekonomiskt hållbar”.[134] Högre hierarkiska nivåer har försvunnit, statusmarkerande, storskaliga byggprojekt har upphört, den skriftliga kulturen har reducerats, viss produktion och handel har upphört, och befolkningen har spritts från centrum. Men, menar Scott, det är mer troligt att detta innebär en decentralisering och omförhandling av kulturen än att den utraderas.[135] Tainter beskriver ett komplext samhälle som kollapsat som plötsligt ”mindre, enklare, mindre hierarkiskt”, vilket inte nödvändigtvis är bättre eller sämre för befolkningen.[136] Scott menar till och med att befolkningen i många fall kan ha tjänat på dessa processer.[137]

Stater karaktäriseras av uppdelningar i klasser, fraktioner, partier och politiker och kan inte reduceras till odifferentierade ”samhällen”. Om detta skriver antropologen Norman Yoffee i en artikel om det assyriska rikets ”kollaps” under det sjunde århundradet f.v.t. Samhällen har sällan försvunnit vid ”kollapser”, ett begrepp som Yoffee verkar tveksam till att ens använda.[138] Och alla komplexa samhällen kollapsar inte, en del skalas istället ned eller trängs tillbaka under en

134 Tainter, 1988, s. 17; Scott, 2017, s. 186–187.
135 Scott, 2017, s. 185–187.
136 Tainter, 1988, s. 193, 197–198.
137 Scott, 2017, s. 209–218.
138 Yoffee, 2009, s. 189, 193.

längre tid för att till sist upplösas eller hamna på en nivå som är mer långsiktigt hållbar.

Idag har vi emellertid en global civilisation där de olika delarna är intimt sammanflätade, och där de flesta människor är direkt beroende av systemet för sin dagliga överlevnad. Att migrera har alltid varit en strategi för grupper av människor som befinner sig i besvärliga situationer,[139] men miljö-, resurs- och klimatkrisen är global, och det finns inte längre några platser utanför systemets påverkan att fly till. När oljan sinar, internet blippar, elen slocknar eller finanssystemet havererar kan vi snabbt stå utan mat, vatten och värme. Bara en minoritet har under rådande ordning möjlighet till verklig självförsörjning på sikt. Tainter skrev 1988 att vid en eventuell kollaps för dagens civilisation kommer den att sönderfalla som helhet, med risken att miljarder människor dör.[140]

Tainter beskriver en kollaps hos ett komplext samhälle som en process som går väldigt fort, i ett historiskt perspektiv på sin höjd ”*några decennier*”.[141] Det här verkar en del av de som skriver om kollaps och inspireras av Tainter ha missat, vilket riskerar att måla en bild av kollapsen som en mjuk, linjär process som tar århundraden, och som därför går att leva med.[142] Förutom att de flesta människor och boskap riskerar dö i svält, sjukdomar eller konflikter finns överhängande risker för kärnvapenkrig och härdsmältor, massterror och turbulenta uppror, eller desperata försök till geoteknik och liknande. När överlevnad

139 Scott, 2011; jfr Wilcox, s. 136–137.
140 Tainter, 1988, s. 209, 214.
141 Tainter, 1998, s. 4 (min kursivering).
142 T.ex. Laestadius, 2021 och Jonstad, 2010.

handlar om makten och interaktionen inte styrs av etablerade sociala normer är det lätt att tänka sig att de ekonomiskt produktiva enheter som Tainter talar om tas över av olika typer av väpnade grupper.

*

Enligt Tainter är kollaps en aktiv, politisk process, där olika enheter tröttnar på en storskalig utsugning som ger allt för lite tillbaka, och bryter sig loss. Människor eller djur bestäms inte helt av våra omständigheter, vi har utrymme att respondera på olika sätt. Att samhällssystem genomgår djupgående och ibland snabba förändringar behöver inte vara ett uttryck för katastrof, det kan också vara ett tecken på människans förmåga att anpassa sig till förändrade villkor och kreativt skapa nya vägar och möjligheter. I boken *Questioning collapse : Human resilience, ecological vulnerability and the aftermath of empire* problematiseras fokuset på kollaps av ett antal forskare och experter. De gör en närläsning av ett antal historiska exempel på samhällen som av vissa ansetts ha kollapsat på grund av dåliga val och miljöförstörelse. Dessa forskare betonar istället mänsklig resiliens, kreativitet och anpassningsförmåga.[143] Andra forskare har lanserat alternativa begrepp, som ”de-complexification”.[144]

143 McAnany & Yoffee, 2009, s. 5–15 sammanfattar deras argument. Antologin är i mycket en kritik av Jared Diamons succé *Collapse : How Societies Choose to Fail or Succeed* från 2005 (s. 4, 47–50), och tar upp flera av Diamonds exempel, bl.a. påskön (s. 21–), Mayacivilisationen (s. 142–) och “amerikanska” urfolk (s. 113–141).

144 King & Jones (2021, 1.3.1).

Oavsett om vi talar om tidigare komplexa samhällen som enheter som har kollapsat eller förändrats befinner vi oss nu i en situation där en undergång för både det mänskliga samhället och andra arters gemenskaper utgör en påtaglig risk. I klimatperspektivet pratas det inte sällan om ”våra barnbarn” och årtal som 2100. Detta riskerar att signalera att de stora kriserna hör en ganska avlägsen framtid till. Men orkar vi se med öppna ögon på utvecklingskurvorna de senaste decennierna, och på situationen vi befinner oss i idag, behöver vi räkna med risken för kollaps redan nu.[145]

Vi kan välja att, i uppgivenhet eller glädje, med tvivel eller övertygelse, lägga ytterligare kapla-stavar på vårt rangliga torn, och hoppas att allt ska gå bra. Det är, förutom vad det gör mot människor, djur och natur just nu, ett säkert sätt att öka risken för en brutal, blodig kollaps, eller en nedgång där vi har minimalt med handlingsutrymme. Oavsett vad vi tycker om det så sinar resurserna, och till sist måste människans samhällen anpassa sig till det, eller gå under. Bättre då att vi påbörjar en aktiv och mer ordnad nedmontering där vi själva skalar av vårt torn uppifrån.

Vi behöver inte en ”hållbar utveckling”, utan en hållbar reträtt.[146] Nedrustning.

145 Jfr Correa m.fl. (2017), som i en artikel i *Energies* redovisat en beräknad minskning av EROI (energy return on investment) i Storbritannien från 13,8 år 2000 till 5,6 år 2012 (s. 10). Se också intervju med Gaya Herrington i *The Guardian* 25/7-21 (av Edward Helmore).

146 Med James Lovelocks ord: ”What we need is a sustainable retreat” (2006, s. 8).

6. Nedrustningen

Du har kastat oss alla i ena vågskålen
och i den andra satt dig själv
i glänsande soldatmundering
med vattenkanoner och pansartransportfordon
med pansarvagnar, flygplan, eldkastare,
militära skördetröskor
och mordtraktorer.

Så etableras stabilitet.
Så upprätthålls jämvikten.
Stackars oss, stackars.

Men

Stinker inte fötterna där i de höga kängorna?
Kliar inte den rakade hjässan under hjälmen?
Nyser du inte av dammet när du försöker urskilja oss
genom pansarvagnens fönsterlucka?
Är du inte rädd för att döden likväl kommer för att klä
av dig?
Julia Tsimafejeva
”Fosterland” (i översättning av Ida Börjel)

*

... vapenlös, avrustad mänsklighet, skall det vara ...
Emilia Fogelklou

Förmår vi tänka oss något annat än olika vägar *framåt, uppåt*? Måste *mer, större, snabbare* vara ramen för all politik?[147]

Skulle vi istället kunna ändra riktning? Fasa ut kriget mot naturen, trappa ned utsugningen, montera ned hierarkier?

I så fall räcker det inte med en *omställning*, om vi med omställning enbart menar att fasa ut fossilsamhället.[148] Det mänskliga samhället måste avväpnas, eller åtminstone nedrustas. Våra mäktiga utsugningsapparater borde vare sig övertas av en upplyst grupp eller klass, eller ersättas med "grön" teknik. De måste förstöras. "Kort sagt är dessa centraliserade monster fossila i detta ords samtliga betydelser. De behöver brytas sönder och fasas ut oavsett om de är i offentlig eller privat ägo", skriver Naomi Klein om fossilindustrin i *Det här förändrar allt.*[149] Men behovet av detta begränsas inte till fossilindustrin. Det är inte en specifik teknologi eller ett energislag som är problemet, utan alla våra effektiva redskap för exploatering. De farligaste monstren har visat sig vara de som människan själv skapat.

147 Angående att en krympning av ekonomin i mycket ignorerats som möjligt svar på klimatkrisen, även av IPCC, se Keyser & Lensen, 2021.

148 Argumentet här kan däremot rymmas inom perspektiv och forskning som förespråkar "nedväxt" (degrowth). Se t.ex. Keyser & Lenzen, 2021; Kallis m.fl. (2018), Holmgren (2009). Som metafor är konceptet nedväxt samtidigt oklart, och verkar än så länge i mycket i praktiken mynna ut i förslag riktade till den (nationella) politiska makten. Se Cosmo m.fl., 2017.

149 Klein, 2014, s. 141.

Låter detta måhända inte bara befriande, utan också rätt så jobbigt, så är poängen här att människan ändå kommer att avrustas. Vår civilisation *kommer* att krympa, och förr eller senare försvinna, men hellre än att motvilligt utsättas för detta på ett kaotiskt och brutalt sätt behövs en riktad, aktiv nedrustning. En nedrustning i riktning mot ett enklare, mindre resurs- och energikrävande, och mindre ojämlikt samhälle. ”Vad klimatet behöver för att undvika en kollaps är en krympning av mänsklighetens utnyttjande av naturens tillgångar … en omprövning av mänsklighetens makt”, med Kleins ord.[150]

Nedrustningens karaktär

I den idé om att avväpna människan som jag här vill slå ett slag för finns ett antal inbakade teser. Nedrustningen måste till att börja med vara *aktiv och intensiv.* Systemet kan utan problem svälja en liten minoritet som ”gör gott” eller avstår något av etiska skäl, exempelvis animalier, flygresor eller värnplikt. Det kan även uthärda en majoritet som opponerar sig enbart genom att tycka annorlunda. Sådant har sällan varit några problem för de styrande att hantera. Det som behövs om vi ska häva oss över en godhetskonkurrens där det viktiga är att göra ett statement, är att vi också skapar en verklig friktion. Att vi stör utsugningen, stoppar normalitetsflödet, påverkar och bryter ned de strukturer och redskap som dödar oss. 2020 gav oss några glimtar av den intensitet vi behöver se i det

150 Klein, 2014, s. 36–37, 41.

folkliga motståndet, genom bland annat Black Lives Matters uppror mot rasistiskt polisvåld under våren och sommaren, och den indiska generalstrejken i november där hundratals miljoner arbetare deltog.

Nedrustningen behöver samtidigt vara *en process*. Vi kan inte plötsligt spränga allt vi anser vara destruktivt i luften. Det vore slutet för livet som vi känner det. Explosioner över lag är systemets brutala sätt att förändra. Vi måste lära oss att leva, försörja oss och ta hand om varandra utan våra mäktigaste redskap, och det kan inte göras över en natt. Snarare än explosioner är det ett pågående och allt intensivare hamrande vi behöver.[151] Och då menar jag inte bara metaforiskt. Månne kan vi jämföra detta med hur vi har domesticerat djurarter, och kanske också oss själva. Vi behöver tämja våra monster, förändra deras natur, göra dem ofarliga, och till sist fasa ut dem, samtidigt som vi åter ger plats för det vilda livet. En process av antidomesticering.

Detta inte sagt för att förneka att det måste gå jävligt snabbt. Staffan Laestadius menar att den årliga utsläppsminskningen måste vara sju procent för att nå Parismålen, lika mycket som utsläppen sjönk under coronapandemins första år.[152] Och då är utfasningen av fossilindustrin bara en aspekt av nedrustningen. Forskare vid Stockholm Resilience Centre skriver att ”omfattande, snabba och grundläggande förändringar troligen kommer att krävas för att reducera risken att

151 Detta kan läsas som en kamratlig kritik av Malms argument i *How to blow up a pipeline* (2020).

152 Laestadius, 2021, s. 236.

överskrida tröskeln och låsa fast oss i riktning mot ett ´hothouse earth´-scenario".[153]

Vidare kan vi bara avväpna människan *tillsammans*. Avrustning är inte något en hjälte eller räddare kan göra själv. Inte ens en aldrig så högljudd minoritet kan göra det. Att en revolutionär förtrupp skriker högre och högre hjälper inte. Vi har matat dessa monster tillsammans, alla har varit delaktiga, och bara tillsammans kan människor svälta ut dem. Ser vi till historien verkar det som att frihetliga samhällsförändringar ofta kommer ur en mylla av folkliga och offensiva sociala rörelser eller uppror.[154]

Det betyder förstås inte att vi ska vänta med att agera tills alla är med på noterna, eller anpassa våra krav och metoder till vad vi tror att allmänheten just nu kan acceptera. Det kommer alltid finnas ett motstånd mot förändring, och vi behöver ta hänsyn till att aktivt engagerade i detta än så länge är en liten minoritet. I en flock med flyttfåglar som flyger i plogformation (fylking) behövs någon som drar, men gässen eller svanarna turas om med denna krävande uppgift. Även i ett skidlopp är det skillnad på att (turas om att) dra, och att rycka. I människans myriader av flockar behövs det i många situationer någon som går före, men att leda på detta sätt är en roll som växer fram i ett kollektiv.

153 Steffen m.fl., 2018, min översättning.

154 För ett utförligt historiskt argument för detta, se historikern och professorn Kjell Östbergs *Folk i rörelse* (2021). Jfr också hur författarna till *Klimatpsykologi* beskriver detta. I deras "trappa" för miljöengagemang toppar det högaktiva kollektiva engagemanget ("potentiellt riskabelt eller kostsamt"). Andersson m.fl., 2019, s. 76–78.

Ska vi finna en mer långsiktigt hållbar väg framåt utan våra effektivaste maktmedel måste vi också kunna skilja mellan behov och överflöd.[155] ”There is enough for everyone's need, but not for everyone's greed”, som Gandhi lär ha sagt. Ekonomi är att hushålla med begränsade resurser. Ska vi röra oss hitåt behöver vi skapa ordningar och praktiker som når bortom det kapitalistiska ekonomiska systemet, och inte som detta bygger på lönearbete, profit och tillväxt. ”Kraven från vår globala ekologi är inte *ekonomiskt* hållbara och kraven från vår globala ekonomi är inte *ekologiskt* hållbara”, som filosofen Martin Hägglund formulerar det.[156] De utsläpp och den miljöförstörelse som de rikaste orsakar vore i ett mer rättvist rättssamhälle måhända det allvarligaste brottet i Brottsbalken. I ett radikalt nedrustat samhälle finns det inte ens något utrymme att begå dessa brott. Den rikaste procenten orsakar idag som sagt mer än dubbelt så mycket utsläpp som den fattigare halvan av världens befolkning.[157] Som Andreas Malm understryker är alltså de rikas konsumtion en stor del av problemet.[158] En sådan livsstil måste attackeras, men innan vi är tillräckligt starka för att bannlysa deras (vår?) lyxkonsumtion, expropriera överflödet, fördela det jämnare, och ransonera

155 Jfr Naess, 1989, s. 113.

156 Hägglund, 2020, s. 368. Hägglund understryker i sin bok *Vårt enda liv* att en kritik av kapitalismen måste gå bortom krav på omfördelning och röra själva produktionssättet och dess grundvärden. Jag instämmer, men delar förstås inte Hägglunds teknikoptimism och utvecklingstänkande (2020, s. 444–447).

157 Oxfam, 2020.

158 Malm, 2020, s. 85–87.

våra resurser[159] kan vi åtminstone lyfta fram andra värden och livsval. Vi skulle kunna låta bli att imponeras av och göra tummen upp till internationella nöjesresor, inköp av lyxprodukter, animaliekonsumtion och en överdådig, skrytig livsstil. Skam har, helt förståeligt, ett dåligt rykte som social kontrollmekanism, och används ofta på ett sätt som slår nedåt eller marginaliserar redan utsatta personer. Men vi skulle istället kunna använda det som ett sätt att förändra normer och utjämna skillnader. Skamma de rika!

Distinktionen mellan behov och överflöd ger också vid handen att ingen kamp mot utsugning som angriper de fattiga kan vara möjlig. Att sträva efter att fylla sina och sina närmastes basbehov är vad en frisk organism gör, även om det sker på andra organismernas bekostnad. Det är inte utsugning att döda om du behöver det för att överleva, eller ens att dra nytta av ett utsugande system om det är vad som krävs. Men att roffa åt sig mer än man behöver istället för att omfördela, det är något annat.

Självklart finns ingen gräns mellan att ha för sina behov och att ta i överflöd, ingen universell definition, ingen skalpell som kan skilja det ena från det andra. Det betyder inte att distinktionen är oanvändbar. Kan vi inte göra en sådan åtskillnad, finns inte något utrymme för människor att begränsa sin aptit, då faller hela argumentet i den här boken.

Vi har dessutom behov som *bättre* kan mötas med en enklare livsstil. Även om vårt samhällssystem gett ökad hälsa och livslängd över lag har den psykiska

159 Klein, 2014, s. 153. Laestadius är inne på ransonering även i förhållande till utsläpp (2021, s. 93).

ohälsan fortsatt att plåga oss, och vår frihet att växa och leva utan att kontrolleras och utnyttjas reducerats till ett minimum. Att exempelvis ha mer tid och utrymme för gemenskap, lek och kreativitet är inget som måste tära på naturens resurser.

Framgångsrika sociala rörelser tenderar att ha en tydlig antagonist, och även vi behöver en värdig fiende i vår kamp. En viktig utmaning för politiken är att skapa en så precis och begränsad definition av den politiska fienden som möjligt, menar den franska filosofen Alain Badiou.[160] Hur skulle en sådan beskrivning kunna se ut, i ljuset av den här bokens argument? I delar av den mörkgröna rörelsen finns föreställningar om *människan* som en cancer eller ett virus. Ibland stämplas detta som ”ekofascism”, men jag menar att det är slarvigt. Ska fascism ska vara ett användbart begrepp med historisk kontinuitet måste det finnas ett inslag av radikalnationalism och/eller rasistiska idéer. Idén om människan som ett monster finns ju även i andra traditioner, exempelvis inom protestantismen, där vi i vissa versioner alla anses vara oförbätterliga syndare.

Men även om det inte är just fascism att fördöma människan som sådan, har sådana här föreställningar svårt att leverera inspiration till ett brett arbete för radikal förändring, med sin milt suicidala anda. I visionen om att avväpna människan får vi en annan fiende att rikta vår vrede mot. Det jag föreslår som vår fiende är inte någon specifik person, grupp, eller ens klass, utan livlösa och dödsbefrämjande strukturer som vi själva skapat. Detta är också en konkret fiende som

160 Badiou, 2012, s. 71–72.

går att se och ta på, eftersom den förkroppsligas i det vi skulle kunna kalla *dödsmaskinerna,* de apparater och den infrastruktur för vilka död och skövling är centralt. Med denna antagonist kan vi också undvika en platt eller urskiljningslös teknologi- eller civilisationskritik. Alla varelser påverkar sin omgivning, många djur använder redskap, och vissa djur bygger mer eller mindre komplexa samhällen. Men inget har som människan skapat redskap för massförstörelse.[161]

Det skulle vara en komisk underdrift av kosmiska proportioner att kalla radikal nedrustning för en kolossal utmaning. Men ytterst är det ändå så att det som måste skapas och upprätthållas av människor också kan nedmonteras av människor. Det gäller även de kraftfullaste utsugningsapparaterna vi har - fossilindustrin, djurindustrin, skogsindustrin, gruvindustrin, och deras imponerande helvetesapparater. Dessa giganter bäddar för pandemier, dömer arbetare till vidriga arbetsförhållanden, dödar miljarder ickemänskliga djur i onödan, göder klimatförändringarna, förstör levande varelsers livsmiljöer, och driver människor och andra djur på flykt, samtidigt som de fyller de rikas bankkonton med siffror och deras hjärtan med högmod. De är de tyngsta vapen vi har i kriget mot naturen, och de kontrolleras av (mestadels) mäktiga vita män ”som rider sina mäktiga förstörelsemaskiner över habitaten för våra kamrater i Gaia”.[162]

Både inom dessa strukturer och till deras försvar uppträder vapnen i den snävare definitionen, redskap

161 Arne Naess skriver om ”soft technology” och det djupekologiska slagordet ”to tread lightly on earth” (1989, s. 97).

162 Lovelock, 1988, s. 196, min översättning.

som är skapade enbart för att döda, hota och skada. Vapenbaserade, etablerade institutioner som vapenindustrin, militären, polisen, fängelsesystemet och gränsbevakningen är överallt, och har alltid varit, rasistiska (eller etnocentriska), patriarkala, lögnaktiga och våldsamma enheter som försvarar samhällets ojämlikhet och den utsugning som pågår. Detta alldeles bortsett från deras egna resursslöseri, miljöförstöring och klimatbelastning.[163] Vem som är rik och vem som är fattig bestäms av sociala strukturer och lagar, det handlar om vilka i ett samhälle som anses ha rätt till olika resurser. Och denna fördelning faller ytterst tillbaka på vad våldsmonopolet skyddar. Det finns förstås nyanser och mångfald även här, men över lag står dessa strukturer på utsugningens sida. Allt annat är, åtminstone än så länge, tom ideologi eller fromma förhoppningar.[164] Risken är också uppenbar att det är just de grupper som redan nu genom dessa institutioner har tillgång till vapen som kommer försöka greppa makten när det komplexa samhället sönderfaller.

Att finna vägar för att utplåna kärnvapen och andra redskap för massförstörelse måste flyttas upp på civilisationens agenda, eftersom kärnvapenkrig skulle vara den snabbaste och säkraste vägen till kollaps, menar Paul och Anne Ehrlich i artikeln ”Can a collapse of global civilization be avoided?”. Jag vill tillägga att vi behöver tänka brett om vad som är ”redskap för

163 Se Klein, 2014, s. 150, angående militären.

164 Ett utförligt argument för detta, som lutar sig mot etablerad forskning, finns i min bok *Batongerna slår nedåt : En berättelse om brottsbekämpning* (2016). För uppdaterade perspektiv på svensk polis i dessa avseenden, se Bjurwald & Dejemyr (2021), Holgersson (2018), Mulinari (2017).

massförstörelse”. Ställ om vapenfabrikerna, riv slakterierna, skrota skogsmaskinerna, täpp igen gruvorna, expropriera oljebolagen.

Hinder för nedrustning

En lång rad hot och problem av magnitud har varit kända och bestått länge, trots att de varit principiellt hanterbara.

Att pandemier skulle slå till igen har varit väl bekant bland initierade och informerade. Flera år innan coronakrisen varnade en grupp forskare för att sarsliknande coronavirus från fladdermöss ”utgör ett avsevärt hot mot folkhälsan”.[165] Och det verkar fullt möjligt att tämja sjukdomar som HIV och malaria.

Vi känner till hur socialt skapade företeelser som rökning, undernäring och fetma dödar många miljoner människor varje år.

När FN:s klimatpanel IPCC grundades 1988 släpptes det ut 22 miljarder ton CO2 globalt årligen. Nu handlar det om 34 miljarder ton.[166]

Så varför sker inte det som behöver ske? En del av svaret är förstås att det finns motstridiga intressen. Vissa tjänar på den rådande ordningen, och har de mer makt än de som vill förändra blir det ingen förändring. Forskning av psykologiprofessorn Dacher Keltner har visat att människor i maktposition är sämre på, och mindre intresserade av att se saker ur andras synvin-

165 Citerat i MacKenzie, 2020, s. 105. Se också Olsen, 2010. Det råder i skrivande stund (juni 2021) ingen konsensus om covid-19-pandemins exakta ursprung.

166 Ritchie & Roser, *Our world in data.*

kel. Det finns annan psykologisk forskning som pekar i samma riktning. Mäktiga människor tenderar att vara mindre kompetenta på att läsa av andra människor. De utgår mer från stereotyper, och har lättare att uppträda respektlöst, nedlåtande och själviskt impulsivt mot andra.[167]

Inte sällan upplever de styrande att deras makt, eller den samhällsordning som deras makt växer ur, är hotad. Det blir då naturligt för dem att investera i självförsvar. Det kan handla om naken batongmakt - tuffare lagar, mer resurser till ordningsmakten och kontrollapparaten. Det kan också handla om mjuk makt som propaganda eller "bröd och skådespel". Självförsvarande ideologiproduktion kan växla mellan olika mer eller mindre medvetna härskartekniker. Psykologen Kirsti Jylhä, som skrivit en avhandling om klimatförnekelsens psykologi, talar om "organiserade förnekelsemaskiner".[168]

Att makten skyddar sina intressen är en sak, men varför opponerar sig inte människor i allmänhet mer än de gör?

James Scott har i en rad studier visat hur motståndspraktiker kan vara utbredda även i situationer där människor på ytan ser ut att vara följsamma.[169] Människor tenderar att över tid göra någon form av

167 Keltner, 2017; Galinsky m.fl., 2006; Inesi m.fl., 2012. *The Atlantic* publicerade en populärvetenskaplig, journalistisk artikel i ämnet av Jerry Useem 2017.

168 Jylhlä, 2016, s. 17.

169 Scott, 1987, 1992, 2011. Se också Cahill, 2009, s. 207–208 om motstånd i Inkariket, och Errington & Gewerts om urbefolkningens motstånd mot kolonialismen i Papua Nya Guinea.

motstånd i situationer av utsugning. Vi säger emot, skvallrar, maskar, saboterar, är olydiga, och så vidare, även när vi inte gör öppet uppror. Men i de frågor vi här berör behövs också ett engagemang som är både öppet och effektivt. Varför sker detta i så liten utsträckning?[170]

Undersökningar om människors attityder till klimatförändringar indikerar att vissa systemhot är för diffusa för att aktivera förändring. Klimatförändringen avger (än så länge, på många platser) svaga fysiska signaler mot bakgrund av dagliga vädervariationer och säsong, och tidsfördröjningar mellan orsak och verkan. Den mänskliga psykologin har också en tendens att bortse från riskerna med ovanliga eller mindre kända fenomen (som naturkatastrofer, eller pandemier). Förståelsen av klimatförändringarna blir därför i mycket beroende av tilltron till statistik och experter. Psykologiprofessorn Taciano Milfont har beskrivit detta som att klimathotet präglas av ”psykologisk distans”.[171] Aktivistgrupper som Extinction Rebellion som aktualiserar klimathotet med störande direkt aktion som inte går att ignorera kan därför fylla en viktig funktion.

Givetvis finns också ett inslag av klassisk förnekelse i detta, det kan helt enkelt kännas för jobbigt att konfronteras med hot av den här digniteten och komplexiteten.[172] Kognitiv dissonans, att vi tycker en sak men gör en annan, kan vara enklare att hantera med

170 Viktiga och initierade perspektiv på den här frågan finns i tillgänglig form i boken *Klimatpsykologi : Hur vi skapar hållbar förändring,* av psykologerna Kali Andersson, Frida Hylander och Kata Nylén (2019).

171 Milfont, 2010, s. 6–10.

rationaliseringar än med förändring. Detta i synnerhet då vi är vanemänniskor och ogärna överger sådant vi investerat mycket tid, energi och pengar i.[173]

Inom psykologin finns också forskning som visat på stora individuella variationer som är relevanta här.[174] Kvinnor verkar exempelvis generellt sett värdera miljöfrågor högre.[175] Det finns också kopplingar mellan klimatförnekelse å ena sidan och vissa personlighetsdrag och politiska uppfattningar.[176] Var människor befinner sig på Altemeyers ”Right wing authoritarian (RWA)-scale”, i vilken utsträckning de har en högerpolitisk orientering, och om de tenderar att försvara det aktuella samhällssystemet (”system justification theory”) korrelerar i hög utsträckning med attityder i klimatfrågan. Det starkaste sambandet som Kirsti Jyhlä hittade var det mellan bejakandet av social dominans och klimatförnekelse.[177]

Empati kan också förblinda.[178] Eftersom vi är begränsade, och gemenskap och tillhörighet är grundläggande behov, tenderar vi att känna för de vi upplever står närmast oss. Vi kan acceptera massivt våld så

172 Jyhlä, 2016, s. 20. Om komplexa hot, se Andersson m.fl., 2019, s. 24–26.

173 Nilsson, 2020, s. 51–60. Andersson m.fl. skriver om *habituering* som en av förklaringarna till att förändring går trögt (2019, s. 97), om *bekräftelsebias* (att vi hör det som bekräftar våra övertygelser) fungerar på liknande sätt (s. 89), och om *osund uthållighet* (tendensen att fortsätta göra det vi investerat i), s. 154.

174 Nilsson, 2020, s. 36–38.

175 Nilsson, 2020, s. 36.

176 Se Jylhä (2016), Yan m.fl. (2020), Krange m.fl. (2017).

177 Jyhlä, 2016, s. 55.

178 Bregman för en intressant och relativt utförlig diskussion om relationen mellan empati och grupptillhörighet å ena sidan,

länge det används mot de andra. Att ifrågasätta de egna och gå i en annan riktning riskerar tillhörigheten. Detta tenderar att cementera indelningar i samhället, och i den mån de indelningarna är hierarkiska stöder de också klassamhället.

Ser vi på den mänskliga utvecklingen under 1900-talets historia, på vår framgångssaga, är måhända den starkaste förklaringen ännu enklare. Sett till våra grundbehov har vi som art *tjänat på utsugningen*. Vi är fler och lever längre. Och aktivt motstånd kostar, det kräver nytänkande och personligt, socialt och politiskt risktagande. Vilka krafter inom oss finns i så fall som verkar i andra riktningen?

Incitament för nedrustning

Som sagt är förmågan att fungera i relationer en grundton i människans natur som flockdjur. I anarkistisk tradition har det här ibland kallats för ”ömsesidig hjälp”, med uttrycket från den ryske geografen och anarkisten Pjotr Kropotkin.[179] Kropotkin visade att arters framgång inte enbart berodde på konkurrens, utan också på samverkan och solidaritet. Det här har understrukits av samtida biologisk forskning.[180]

Historiskt har det i linje med detta alltid funnits motstånd mot hierarkiska strukturer, dominans och ut-

och behandlingen av utgrupper å den andra, och om forskning på området (2020, s. 199–218).

179 Ibland ”inbördes hjälp”. Boken *Ömsesidig hjälp* finns i en svensk nyöversättning från 2017.

180 Se också DeWaal (2013), Meijer (2015).

sugning.[181] Vi bryr oss helt enkelt generellt sett om andra, och uppskattar sällan spontant våld och översitteri. Psykologisk forskning talar om att vi har en ”aversion mot ojämlikhet”. Inte bara det, vi är också mer benägna att ingripa än vad den allmänna bilden tycks vara.[182] I en studie av filmer från övervakningskameror i tre länder (Sydafrika, USA, Storbritannien) som publicerades 2019 visade fem forskare att normen vid våldsamma händelser i stadsmiljön var att ingripa. I nio fall av tio var det åtminstone någon som agerade, och i regel flera.[183]

Den ständiga strömmen av berättelser om gatuvåld, mord och terror från mediernas megafoner och politikernas podium är inte neutral, den tjänar vissa syften, avsiktligt eller oavsiktligt. Det är inte någon tillfällighet att det hundratal personer som dödas i kriminaliserat mellanmänskligt våld varje år får så mycket mer uppmärksamhet än de 8 000 som dör av luftföroreningar. Även de historier som cirkulerar om människor som inte ingriper trots att de borde påverkar oss. De här bilderna formar vår värld och gynnar givetvis de som tjänar på att måla en tavla där allmänheten är en ond, feg eller oförmögen filur. Vissa kan dra nytta av att beskriva oss som vilsna får med behov av herdar som leder oss rätt och ordningsskapande grabbar med vapen.

Även när det gäller miljön redovisar psykologer i boken *Klimatpsykologi* forskning som pekar på att de

181 Scott, 2017, s. 211. För två fördjupande inflytelserika studier, se James Scotts *Weapons of the weak* och *The Art of not being governed.*

182 Bregman, 2020, 182–196.

183 Philpot m.fl, 2019.

flesta människor faktiskt bryr sig. I viss utsträckning gör vi också insatser som vi tror är miljövänliga, även om vi över lag tenderar att överskatta våra insatser såväl som deras effektivitet, och underskatta vår konsumtion.[184]

Att det hos människan också finns en potential att reagera på mer abstrakta hot, problem på distans, eller att utifrån övertygelser välja att leva enklare och avstå från lyx, vapen och makt visar också historien. I Sverige har ransoneringar införts både under och utanför krigstid, inte bara av överflödsprodukter som kaffe, utan också av el och bensin så sent som under 70-talets oljekris. Naomi Klein beskriver hur krigsransonering hade ett starkt stöd i befolkningen i USA.[185] Rachel Carsons bok *Tyst vår* och dess vältaliga varning för kemiska bekämpningsmedel och inte minst DDT ledde till ett förbud i USA 1972. Från industrialismens barndom har rörelser för naturskydd, naturreservat, djurskydd och djurrätt vuxit fram, parallellt med folkliga rörelser mot utsugning av arbetare, kolonialism, rasism, homofobi, patriarkat och polisvåld.[186]

Ser vi längre tillbaka har det genom hela civilisationens historia, i en lång rad religiösa och politiska situationer, funnits ett myller av underströmmar av små eller stora rörelser som brutit med samhällets förväntningar på att acceptera vapen, hierarkier och koncentration av egendom. Profeter, ökenmödrar och ökenfäder, nunnor och munkar, sekter och revolutionärer, barbarer och pirater, har dragit sig undan och

184 Andersson m.fl., 2019, s. 17–19, 43, 71.
185 Klein, 2014, s. 30–31.
186 Kolbert, 2014, s. 261–262.

etablerat alternativa strukturer i systemets marginaler.[187] De har propagerat mot utsugning, och utvecklat praktiker som enkelhet, egendomsgemenskap, pacifism, vegetarianism, eller mer eller mindre överdriven asketism.[188] Även i många religiösa traditioners mittfåra har det funnits etos och praktiker, exempelvis fastan, som handlar om att av bland annat rättviseskäl tillfälligt avstå vissa saker för att prioritera annat.

Ser vi till civilisationernas förhistoria eller utsida har bland annat Scott och antropologen Marshall Sahlins argumenterat för att bönder och jägar-samlare inte automatiskt arbetar så mycket som möjligt för att producera ett överflöd, utan att de måste pressas till det.[189] Vill vi ha nedväxt kan vi lära av icke-kapitalistiska samhällen som länge levt utan tillväxt, av länder och städer som anpassat sig konstruktivt till avstannad tillväxt, och av grupper inom tillväxtsamhällen som levt med mindre resurser av val eller nödvändighet, menar en grupp forskare i en artikel som analyserar forskning om nedväxt.[190]

Människor har alltså gjort motstånd mot utsugning och krig genom olydnad, uppror, flykt, folkrörelser och alternativskapande. Men inte bara det, civilisationer har nedrustats förut, och kraftfulla redskap skrotats. Och det har inte alltid handlat om attacker utifrån eller okontrollerbara katastrofer. Centrala symboler och platser där makt och rikedom koncentrerats

187 Scott, 2017, s. 231–234, och Scott, 2011.

188 Historiska berättelser om ett antal sådana här rörelser finns i *Jesus eller kyrkan : Ett anabaptistiskt sökande efter kristen radikalitet* (Lundström, 2015).

189 Scott, 2017, s. 152; Sahlins, 2017 [1972].

190 Kallis m.fl., 2018.

har ibland krossats eller övergetts.[191] Geografiprofessorn Jared Diamond beskriver hur äldre samhällen ibland, även om det är ovanligt, av olika skäl övergett mer avancerade vapen – hur polynesier gav upp pilbågen, tasmanier fisket och Japan kanoner.[192]

I *Vete, vapen och virus* driver Diamond tesen att civilisationers varierande framgång genom historien kan förklaras med skillnader i geografi och miljöfaktorer. Samtidigt visar han hur viktiga olika uppfinningar varit för att skapa nya eller utvidgade försörjningsmöjligheter givet ekologiska omständigheter, och hur samma uppfinning i en rad fall uppkommit på olika platser oberoende av varandra. I hans omtalade bok, *Collapse : How societies choose to fail or survive*, är ingången en helt annan. Här skriver han fram äldre civilisationer som han menar ”valt” att misslyckas, främst ekologiskt, och därför kollapsat. Ett antal antropologer, arkeologer och historiker med Patricia McAnany och Norman Yoffee i spetsen har, som jag varit inne på tidigare, kritiserat Diamonds kollapsteorier. De menar att de historiska exempel som underbygger hans tes är bristfälligt eller missvisande beskrivna. Istället för kollaps i de aktuella fallen menar de att dessa samhällen har förändrats och anpassat sig till svåra omständigheter, och att ekologiskt ohållbara praktiker ibland har omformats eller övergetts.[193]

191 Scott, 2017, s. 185.

192 Diamond, 250. Jfr Scott, 2017, s. 254, om plogen och Laden, Greg, 2010, *Science Blog* om det tasmanska fisket.

193 En rad exempel finns hos McAnany & Yoffee, 2009, se också not ovan angående kritiken av Diamond.

Hur som helst är människans förmåga att förhålla sig till omständigheter häpnadsväckande. Det gäller även förändringar i beteende, något vi sett under pandemin, men också i hur mobiltelefonerna snabbt kommit att prägla hela våra liv i början av 2020-talet, från att ha varit ett marginellt fenomen i början av 2000-talet.

Idag befinner vi oss i en situation med unika omständigheter. Vi har för första gången ett globalt system som påverkar livsprocesserna som helhet. Men det gör också att vi har bättre tillgång till enorma mängder kunskap, vi kan kommunicera som aldrig tidigare, och vi har vissa begrepp om mångfacetterade historiska förändringar i olika samhällen.

Enligt IEA sjönk efterfrågan på energi med hela fyra procent 2020, och de globala utsläppen av koldioxid föll med nära sex procent. Efterfrågan på olja dök med nästan nio procent. Detta saknar historiskt motstycke, påpekar IEA.[194] Bakgrunden är givetvis pandemin, och inte ett medvetet klimatarbete, men det är inte viruset som tryckt ned utsläppen. Det är politiska beslut och människors annorlunda beteendemönster. Mot bakgrunden av ett påtagligt hot har samhällen förändrats genom ett aktivt ingripande. Pandemin falsifierar med andra ord föreställningar att det inte går att göra något åt utsläpp och destruktiv tillväxt.

Under samma år såg USA ett folkligt uppror på gatorna mot rasistiskt polisvåld med tiotals miljoner deltagare, en av de största rörelserna i USA:s histo-

194 IEA, 2020.

ria.[195] Åren innan har vi sett såväl #metoo-kampanjen som klimatrörelserna Fridays for future och Extinction Rebellion påverka de politiska debatterna och agendorna. Även om de omvälvande konkreta förändringarna än så länge lyser med sin frånvaro är dessa rörelser åtminstone ett tecken på att vi inte stillatigande kommer ta emot vår undergång med öppna armar.

Förr eller senare kommer det bli uppenbart att resurserna sinar, att den mänskliga utsugningen är ohållbar, och att den utgör ett basalt hot mot vår, och många andras, existens. Då kommer vi att reagera, åtminstone vissa av oss. Frågan är bara om det då är för sent att röra sig i en annan riktning.

195 Carr center for Human Rights Policy, Harvard Kennedy School, 3/6-20.

7. Vägen mot ett enklare samhälle

Fokus i den här boken är att argumentera för *behovet* av en radikal nedrustning, och inte att presentera någon manual för hur det ska gå till. Men en avväpning av människan, en nedmontering av våra våldsapparater, måste förstås gå hand i hand med en bredare förändring. Vårt samhälle behöver omvandlas i en riktning som underminerar och försvårar hierarkier, vapenmakt, och ohållbar utsugning. Detta samhälle behöver samtidigt inte byggas från scratch. Medan vi nedmonterar krigets redskap skulle vi kunna försvara och stärka befintliga aspekter av vårt samhälle som redan nu motverkar utsugning.

Antropologen Christopher Boehm presenterade 1993 en studie av 48 småskaliga statslösa samhällen i tidskriften *Current Anthropology*. I artikeln beskriver

Boehm en lång rad tekniker för maktutjämning som använts i dessa grupper. Avsiktligt agerande och egalitära föreställningar beskrivs som viktiga faktorer i skapandet av det sociopolitiska livet.[196] För att motverka översitteri och ledare som ger order används bland annat kritik, förlöjligande och direkta attacker mot statussökande individer. Andra tekniker är att ignorera försök till dominans eller helt enkelt lämna gruppen.[197]

Sådana här beteenden har bevarat många småskaliga samhällen relativt egalitära, men de förekommer också inom andra samhällstyper för att sätta ledare på plats, menar Boehm. Boehm har kallat detta för "omvända dominanshierarkier", medan vissa kommenterande forskare invänt mot denna beteckning, eller kallat sådana här utjämnande strategier för "anarkistiska".[198] Även antropologer som Scott och Graeber har visat på liknande metoder.[199] Tendensen till dominans tycks återfinnas i alla mänskliga samhällen, och det krävs därför ett aktivt arbete och motpraktiker för att stävja och kontrollera dessa.

Förändring nedåt

Vilka inslag i vårt samhälle underminerar redan idag utsugningen? Att värna och expandera dessa aspekter kan bli avgörande om vi vill vända riktningen.

196 Boehm, 1993, s. 228–229.
197 Boehm, 1993, s. 229, 232.
198 Boehm, 1993, s. 239–241.
199 Graeber, 2004, Scott 1987, 2011.

Småskaliga gemenskaper, grupper och nätverk är svårare att kontrollera och utnyttja för den ekonomiska och politiska makten, så länge de behåller en grad av autonomi. Att odla relationer ”away from keyboard” (och skärmar) är centralt här. Social och religiös pluralism eller mångkultur har också ett egenvärde även bortom det småskaliga och autonoma. Ingenting är lättare att kontrollera och appropriera än monokultur.

Praktiker för solidaritet horisontellt, eller solidaritet nedåt med de mer utsatta och marginaliserade, är också gruskorn i utsugningens processer. Det behöver inte begränsa sig till den egna arten. Här ingår att ta tillvara och vidga initiativ för olika former av delande och ömsesidig hjälp, såväl som solidarisk aktivism. Svag solidaritet är däremot smörjmedel för utnyttjande, oavsett om det är i en grupp, på en arbetsplats, i en stad, ett land eller globalt.

Ett nedrustat samhälle behöver också vara ett samhälle där den lokala sfären är i centrum, oavsett om det gäller ekosystem, samhällen eller andra enheter, som bland annat omställningsrörelsen talar om. Måhända har pandemin hjälpt oss lite på traven här. I ett enklare och mer resurssnålt samhälle måste såväl transporter som resande minska kraftigt. Att prioritera byggande av höghastighetståg, investeringar i elbilar och biobränsle, eller utvecklande av storskalig infrastruktur för sol- och vindenergi, framstår mest som ett försök att undvika radikal omställning och minskade resursuttag. Det kostar ofantligt, ekonomiskt och energimässigt,[200] det ökar utsläpp och miljöförstörelse un-

200 Iñigo Capellán-Pérez m.fl. (2019).

der uppbyggnadsfasen, det förutsätter utvinning av metaller och andra resurser som inte är förnybara,[201] och det bygger på en förhoppning om framtida energibesparingar som saknar historisk förebild i industrisamhället. ”Solen har drivit livets utveckling på jorden i miljarder år, men varför inbillar vi oss att vi ska kunna konstruera maskiner som är mera effektiva på att tillvarata solenergi än fotosyntesen?” frågar sig professorn i humanekologi, Alf Hornborg i *Myten om maskinen*.[202] Fokus i omställningen bör istället riktas mot det lokala. Ju större del av det vi behöver i form av ekonomi, resurser, energi, mat, vatten och annat som kommer från närområdet och som vi kan skapa decentraliserad kontroll över, desto mer motståndskraftiga blir vi.[203] Det betyder inte att vi kan bortse från andra nivåer, inte ens den planetära. Think globally, act locally, som det heter.

Vi kan också värna om våra gemensamheter som ett sätt att försvåra hierarkisk utsugning. Det finns en många gånger omedveten ”vardagens kommunism”[204] där vi delar och samsas om resurser, istället för att inhägna och bevaka, köpa och sälja. Detta sker redan i allt från tjänster och prylar som delas i informella gåvoekonomier i familjer och vänskapsrelationer, till mer formaliserade utbyten. Atmosfären, klimatet, miljön och beroendet av naturens resurser tillhör villkor vi alla delar, oavsett politisk hemvist. I vissa fall är gemensamheten institutionaliserade praktiker, som i spillrorna av välfärdssamhället. Naomi Klein talar om

201 ”Elbilar kräver fler gruvor i Sverige” (SVT, 12/10-21).
202 Hornborg, 2010, s. 153.
203 Jfr Klein, 2014, s. 172–173.
204 Bregman, 2020, s. 310–311.

vikten av att ”bygga om och återuppfinna den offentliga sektorn” efter ”tre årtionden när nästan alla regeringar i världen ständigt har opererat bort den offentliga sektorns hälsa och motståndskraft.”[205] Detta skrevs 2014, och borde ha blivit uppenbart för alla under pandemin. Det som finns kvar av välfärdssamhället är över lag värt att försvara, även om det bygger på utsugning av naturen, så länge alternativet är ohämmad kapitalism.

När det gäller produktion och resurser är det också antagligen otillräckligt med en övergång till ett växtbaserat och ekologiskt matsystem, om det fortfarande bygger på industriell monokultur. Ett sådant skifte skulle förstås vara ett viktigt steg i nedrustningen, men fossila bränslen och andra icke förnybara resurser är helt centrala för det moderna jordbruket.[206] Det finns emellertid många försök redan att utveckla alternativ till detta och skapa en regenerativ matproduktion, det kan handla om stadsodling, trädgårdsodling, skogsträdgårdar, permakultur, andelsjordbruk, eller ”Bondens marknad”. I bland annat Sydamerika har odling enligt agroekologiska principer blivit viktigt för många småjordbrukare. Den här typen av jordbruk söker imitera vilda ekosystem, diversifiera grödor och samverka hållbart med lokala ekologiska och samhälleliga förutsättningar i matproduktionen.[207]

205 Klein, 2014, s. 137, 143.

206 “Fossil fuels are the fertilizers of modern agriculture”, som miljöhistorikern John McNeill formulerar det (2009, s. 364).

207 I ”The agroecological revolution in Latin America: rescuing nature, ensuring food sovereignty and empowering peasants” (2011), beskriver agronomen Altieri agroekologi som ”the diversification of farms in order to promote beneficial biological interactions and synergies among the components of the

Återbruk är givetvis också viktigt för ett drastiskt minskat resursuttag. Om modernistiska älsklingsbegrepp som entreprenörsanda, teknikoptimism och uppfinnande ska få följa med på resan mot ett enklare samhälle finns det en utmärkt nisch här. Hur kan vi bli bättre på att ta till vara det vi har genom att återvinna, återanvända, reparera, renovera och cirkulera prylar?

Redan nu skaver också det som finns kvar av den fria tiden mot utsugarsamhället. Att slappa, tänka själv, samtala fritt, möta nya människor, leka, dansa och skratta är aktiviteter som, förutom sitt egenvärde, eller snarare just på grund av sitt egenvärde, är motsatsen till en lättmanövrerad, rätlinjig tillvaro. Att dra ned på lönearbetet kan förstås också skapa utrymme och bättre förutsättningar för motstånd och aktivism. Ingen institution är så effektiv på att fånga upp vår energi, tid och kreativitet och placera den inom fyrkantiga, ofarliga ramar som lönearbetet.

Hur vidgar vi den fria tiden? Hur tränger vi tillsammans tillbaka lönearbetet, ger oss själva som vuxna och barn mer utrymme för tid och aktiviteter där ingen profiterar på oss?

Förändring nedifrån

Om det verkligen är så att makten påverkar oss, om kontrollen över utsugningens redskap tar fram de våldsammaste och mest konkurrensinriktade sidorna

agroecosystem so that these may allow for the regeneration of soil fertility, and maintain productivity and crop protection". Se också Laforge m.fl. (2020).

bland människor, då följer vissa taktiska och strategiska slutsatser. Bland annat det paradoxala att de som vill ha en radikalt förändrad värld måste ge upp idén om att kunna förändra världen, att försöka föra den dit vi vill.

I den socialistiska traditionen har bland andra Karl Marx, och senare Paulo Freire i *De förtrycktas pedagogik,* hävdat att de förtrycktas befrielse inte kan ges till dessa som en gåva ovanifrån. Befrielsen måste vara de förtrycktas eget verk, annars består maktrelationen. Vi borde, om detta stämmer, sluta vända oss till våra makthavare i förhoppningen om att de ska visa vägen. Befriande politisk förändring behöver påtvingas nedifrån.

Men går detta att tillämpa i relation till frågan om människans krig mot naturen? I relation till de ickemänskliga djuren och resten av naturen är ju människan som art den mäktigare parten, förtryckaren. Eller? Vi har i och för sig en verklig agens, ett handlingsutrymme, men trots allt bara inom naturens, livssystemets, Gaias, ramar. Även utsugningen har därför, som vi sett, ett slut. Överexploaterade resurser sinar, och till sist slår naturen tillbaka och andra arter tar över. Människan, så väl som andra (alltför) framgångsrika arter, tvingas ned från sina maktpositioner. ”Mänskligheten har de senaste nio tusen åren uppträtt som en aggressiv invasiv art”, menar Arne Naess. ”Om mänskligheten ska undvika att ersättas måste striden *mot* naturen upphöra”.[208]

Som människor som ogillar utsugning kan vi i olika grad och utsträckning göra motstånd och alliera

208 Naess (1989), s. 182–183.

oss med det nedtryckta. Men vår förmåga att påverka, såväl som att överblicka effekterna av vårt motstånd är begränsad. Vi kan inte styra världen, vi har faktiskt aldrig kunnat det. Vi må vara en imponerande art, men i grund och botten är vi framför allt en apa bland andra arter. Förändringen nedifrån kommer så småningom, oavsett om vi människor vill det eller inte.

*

Den anarkistiska traditionen har varit bland de mest maktkritiska, och den har ett par verktyg i sin verktygslåda som jag här vill lyfta fram och diskutera. Anarkister har ofta betonat sambandet mellan mål och medel. Både marxister och anarkister ville i arbetarrörelsens barndom avskaffa staten och såg den som en repressiv struktur. Men brytningen mellan anarkister och andra socialister under andra halvan av 1800-talet handlade mycket om huruvida det var nödvändigt att först ta över staten. Anarkisterna betonade mer än andra sambandet mellan mål och medel.

Ur oviljan att separera mål och medel har två begrepp för specifika former av praktiker vuxit fram som jag vill nämna här, nämligen *direkt aktion* och *prefigurativt handlande.* ”Direkt aktion” ställdes från början mot ”politisk aktion”, där förändring går primärt genom den etablerade politiska makten, och därför är *indirekt*. Det handlar om att agera genom ombud och representanter. Direkt aktion däremot innebär att de människor som vill förändra något agerar utan att vädja till makten eller be myndigheter om tillstånd. Direkt aktion förknippas inte sällan med kriminaliserad aktivism, men poängen med direkt aktion är inte att bryta mot lagar och regler, utan att agera själv. Att ge solidariskt stöd, exempelvis pengar, till en fattigare person, är direkt aktion. Att markera mot en rasistisk kommentar, eller att stanna och hjälpa den som cyklat omkull, är direkt aktion. Faktum är att en stor del av vårt liv handlar om direkt aktion, det brukar till och med anses som ett tecken på att en person växer och mognar att hen blir mindre beroende av auktoritetsfigurer. I samtliga rörelser som nämndes i förra kapitlet - Black lives matter, #metoo och klimatrörelsen, har direkt aktion spelat en viktig roll, även om det inte varit det enda verktyget i verktygslådan.

Prefigurativt handlande är bara den andra sidan av myntet. Det handlar om att genom praktisk handling demonstrera de politiska mål man strävar mot. I anarkistisk tradition har det typiskt sett handlat om att ”bygga det nya samhället i skalet av det gamla”, men det finns många andra handlingsmönster i sociala rörelser som kan förstås på samma sätt. I bland annat tidiga frikyrkor tillämpades demokratiskt beslutsfattande med allmän rösträtt långt innan det blev praxis i storsamhället. Uppluckrade lagar mot hbtq-personer möjliggjordes genom att människor först bröt mot etablerade könsnormer och levde öppet i samkönade relationer, och veganer pekar mot djurindustrins avskaffande genom sina dagliga matvanor.

En rimlig invändning mot den anarkistiska traditionen är att den (som många andra idétraditioner) tenderar till eskapism. Vi ogillar hierarkier och tänker därför fram en värld utan tvingande maktordningar. Vi försöker så odla en utopisk vision i teori och praxis med oklar relation till det existerande samhället. Systemet ska ”störtas” eller ”krossas”, medan vi intalar oss att vi lever ut en helt annan värld.

Flykt kan vara ett nödvändigt självförsvar, och är en väl beprövad strategi för motstånd mot förtryckande förhållanden,[209] men sådana här attityder och slagord kan också bidra till de sjukdomar som ibland följer i spåren av *direkt aktion* och *prefigurativt handlande.* Idealen tenderar att ta mindre hänsyn till hur existerande maktförhållanden ska förändras, fokus blir istället att skicka ett budskap, att i handling visa på något annat. Ju mindre befläckat av den rådande ordningen detta profetiska ord är, desto bättre. I detta finns en otålighet, en explosiv energi, som riskerar att spränga sig själv och andra i luften, bildligt eller bokstavligt. Det är också en hållning som kan leda till besvikelse och uppgivenhet när man upptäcker att förtryckets mekanismer finns även i den egna gruppen, och i det egna hjärtat.

I ett hyperkomplext samhälle blir det också orimligt att förvänta sig direkt aktion som svar på alla problem. Ett komplex samhälle, en civilisation, såväl som sociala rörelser i sådana samhällen, kan inte fungera utan viss representation, arbetsdelning och prioriteringar.

Politiker och andra figurer med inflytande kan därför inte tänkas bort, och vi har tills vidare ingen annan civilisation än den här. Vare sig makthavare eller samhällssystem är eviga, och inget är mer angeläget än att krympa makten. Men vi måste förhålla oss till situationen som den ser ut. I ljuset av den annalkande

209 Ett vältaligt anarkistiskt argument för att bejaka längtan, flykt och utopier framförs av Svart katt i ”Längtan och flykt”. Mediekollektivet Anarkism.info (2021).

kollapsen har vi inte tid att börja bygga ett nytt hus från grunden. Det betyder inte att vi måste dansa efter maktens pipa hela tiden. De som vill ha radikal förändring bör inte satsa på att överta (eller behålla) makten och på så sätt bakbinda sig själv, utan på att gå före och visa riktningen. Makthavarna får så pressas att jaga efter eller se sig själva bli irrelevanta. Den politiska och ekonomiska maktens totala oförmåga att tackla klimatkrisen i trettio år borde övertyga den mest idoga försvaren av Systemet om det oförnuftiga i att förvänta sig förändring uppifrån.[210]

Det finns en miljon sätt att underminera makten, verka för omställning och angripa dödsmaskineriet, innanför och utanför lagens och normernas ramar. Det finns något som passar allas livssituation, personlighet och erfarenheter. Vi kan inte ”leva rätt” under ett utsugande system, men vi kan åtminstone nu och då i ord och handling peka i riktning mot ett nedrustat, enklare, mindre ojämlikt samhälle. Men räcker det?

210 Jfr Laestadius, 2021, s. 65–66.

8. Går allt åt helvete?

Människan är ett riktigt dumt djur, så enkelt är det. Vi lyckas inte tänka längre än till nästa vår eller nästa födsel. Det är därför det går åt helvete. Det är det som är naturens gång, att förr eller senare går allt åt helvete.[211]

”Om vi inte vidtar åtgärder ser vi framför oss civilisationens kollaps och slutet på en stor del av den naturliga världen”, sa zoologen och naturprogramspresentatören David Attenborough på FN:s klimatkonferens i Katowice 2018.[212] Trettio år tidigare skrev Tainter att

211 Karaktären Isa i den norska författaren Maja Lundes roman Przewalskis häst. Lunde, 2019, s. 272. Hela Maja Lundes klimat/miljö/kollaps-serie med tidigare *Binas historia* (2016) och *Blå* (2018) rekommenderas varmt.

212 Citerad i Magnason, 2021, s. 223.

industriella samhällen erfar minskade marginalvinster på ökade utgifter. Det låter torrt och månne intetsägande, men i Tainters analys är detta det avgörande tecknet på att ett komplext samhälle utvecklat en sårbarhet för kollaps.[213]

Genom historien har det i många olika slags samhällen och religioner över världen funnits profeter och siare som larmat om världens undergång. De har i regel haft rejält fel om såväl tidsperspektivet som formerna för undergången. De har gjort oss alla björntjänsten att vi riskerar att tro att det inte finns någon varg, bara för att det utfärdats missvisande varningar om vargens ankomst. Men hur fel hade profeterna egentligen? De har ofta pekat ut missförhållanden, sårbarheter eller motsägelser i sitt samhällssystem, och anat vart det var på väg. Förr eller senare gick också deras kollektiva värld verkligen under, eller förändrades drastiskt.

Det finns forskare som varit så rädda för alarmism att de inte velat tala klarspråk, i tanken att det då skulle bli lättare för oss att ta in sanningen.[214] Det är ett manipulativt drag som påminner om hur man invigs i en sekt, och dessutom är det knappast så vi vill ta emot andra dramatiska, ödesmättade besked. Som Andri Snaer Magnason påminner om i en tankeväckande analogi behöver en patient som har en dödlig sjukdom få höra sanningen.[215]

Vårt samhällsbygge knakar i fogarna, såväl som de ekosystem det är konstruerat på. Om fogarna brister och systemen faller samman kan vi stå inför en ka-

213 Tainter, 1988, s. 194.
214 Brysse m.fl. (2013); Anderegg m.fl., 2014.
215 Magnason, 2021, s. 104.

tastrof för livet som saknar motstycke. Vad som än händer står vi inför ”the end of the world as we know it”, med R.E.M.s ord.

Politiska scenarion

Att vår framgång som art bidragit till att vi plågas av hybris är väl bekant. Vad händer när insikten sjunker in att vi faktiskt inte kontrollerar världen, att resurserna sinar, att vi blivit det våldsammaste djuret? En risk är att pendeln svänger till den andra extremen - all kamp är meningslös, vi är bara maktlösa offer för omständigheterna. Inget kan förändras i grunden, allt går åt helvete.

Men det är bara samma megalomani, i annan förpackning. Komplexa och rörliga system kan aldrig överblickas i detalj av aktörer som finns på specifika platser inom samma system. Även vetenskapen är som bekant begränsad, det är till och med osäkerheten och det okända som driver vetenskapen. Konceptet *emergens* pekar ut det faktum att Bibelns ”Predikaren” hade fel när hen slog fast att intet nytt fanns under solen. Emergens uppkommer genom att enskilda delar samverkar och genom sin interaktion formar ett system som är mer än summan av delarna. En kropp är mer än atomer, ett samhälle är mer än individer, en dator är mer än en samling microchip, en skog är mer än en hop med träd. Eftersom förändring och emergens finns kan vi aldrig räkna ut exakt vilka nya komplexa mönster som kan tänkas uppstå.

Även den som tror sig veta att allt går åt helvete lider av hybris. Men inte heller kan vi veta att vi kommer lyckas avvärja de existentiella hoten mot människor och Gaia. Just i den osäkerheten uppstår incitamentet för att agera.

Hur komplexa system påverkas av små och stora skeenden, av individuella och kollektiva handlingar, av yttre och inre faktorer, är med andra ord aldrig möjligt för begränsade människor att helt räkna ut. Coronakrisen har påmint oss om detta. Det enda alla aktörer tycks ha haft gemensamt är att de på åtminstone vissa områden gissat fel.[216] De mest självsäkra personer med maximal expertis har till synes utan skuggan av ett tvivel slagit fast saker som sedan visat sig vara uppåt väggarna skeva.

Det som kan göras är att skissa olika scenarion som kan vara mer eller mindre trovärdiga. Vilka utvecklingslinjer är tänkbara de kommande decennierna?

I ett *konservativt* scenario är bevarandet av den rådande ordningen den tydliga betoningen. Högerauktoritära regimer fortsätter att växa, den ideologi som produceras förnekar eller marginaliserar de stora utsugningsfrågorna.[217] Alltmer resurser läggs istället på att skydda de yttre gränserna och peka ut vissa redan marginaliserade grupper som det inre hotet. Människor måste pressas att arbeta hårdare, kapitalet ges mer utrymme och välfärden fortsätta krympa. Klyftorna mellan rika och fattiga ökar än mer, en konservativ backlash slår tillbaka i frågor kring kön, sexualitet och rasism. Opposition och protester bemöts repressivt,

216 Se Anderberg, 2021.
217 Det här motsvarar ungefär Holmgrens scenario "Brown tech".

och det som tidigare ansetts vara demokratiska rättigheter beskärs steg för steg.

Så småningom kan ändå inte hotet från en ohållbar utsugning ignoreras. Den dyker upp på den politiska elitens radar plötsligt, ungefär som pandemin, kanske genom storskaliga konflikter eller naturkatastrofer, resursbrist eller kraschande ekonomi. Det politiska ledarskapet sträcker sig då efter en lösning som passar högerns värderingar och världsbild, kanske arbetsläger, kanske en militär eller högteknologisk quickfix, hur som helst en kapitalvänlig och auktoritetsförstärkande hammare som ser ut att kunna slå ned problemen och bevara den rådande ordningen.[218] Tekniker för klimatmanipulation eller geoteknik, som exempelvis att lägga ett täcke av partiklar i atmosfären,[219] riskerar att ge totala och okontrollerbara effekter på livsförhållandena på jorden och kasta oss rakt in i kollapsen. Om de däremot lyckas kommer hyperutsugningen av planeten att fortsätta och nedgången fördröjas till dess att naturen slår tillbaka på andra sätt.

I ett *progressivt scenario* gör istället en växande opinion, till följd av ekonomiska, sociala och/eller ekologiska kriser, att den auktoritära högern går tillbaka. Liberala, socialdemokratiska eller andra partier med mer eller mindre grön profil tar över det politiska ledarskapet. Stora investeringar görs i ”gröna projekt”, ”förnyelsebar energi”, ”hållbar utveckling”. Insatser görs för att utjämna vissa sociala och ekonomiska klyftor. Mycket energi läggs på att hålla en ideologisk kurs

218 Jfr Klein, s. 84, 346.
219 SMHI, ”Geoengineering”.

med signalord som tillfredsställer det folkliga motståndet mot utsugningens olika kanaler och former. Samtidigt värnas tillväxten och resursförbrukningen fortsätter att öka eller ligga på dagens nivåer, vilket fortsätter föra oss mot en återvändsgränd.[220]

I ett *revolutionärt scenario* blir utvecklingen initialt mer turbulent. En snabbt växande mörkgrön politisk trend skapar auktoritära grupper och partier som förespråkar ”krigskommunism”, ”ekoleninism”,[221] obligatorisk veganism, ett fossilfritt samhälle eller liknande. Med mer eller mindre (o)demokratiska medel lyckas dessa grupper ta makten i ett eller flera tongivande länder. Rädslan för ekorevolution gör initialt att arbetet mot miljöförstöring flyttas upp på agendan i många länder. Den mörkgröna tendensen visar sig samtidigt skapa konflikter med den ekonomiska sfären. Över tid leder det till att de nya regimerna faller eller tvingas kompromissa så mycket att distinktionen gentemot andra gråbruna politiska riktningar blir hårfin.

I ett mer *kaotiskt* scenario eskalerar resurskrisen, och ökar incitamenten för konflikter direkt eller indirekt kopplade till resurser. Konkurrensen mellan globala maktblock och nationer såväl som interna konflikter mellan klasser och grupper ökar och bryter oftare ut i form av öppna strider med oförutsägbar dynamik.

Måhända faller saker ut på helt andra sätt, eller, kanske mer troligt, så lever dessa tendenser parallellt,

220 Jfr Lovelock, s. 3–5.
221 Jfr. Andreas Malm, 2020, s. 109–.

blandas, flyter samman och konkurrerar i en pågående process. Så småningom leder de ändå till samma destination: en snabb kollaps eller en mer långsam nedskalning av vårt samhällssystem.

Det alternativ de som bryr sig borde verka för är, menar jag, istället ett *radikalt scenario*. Radikalt i ordets alla meningar. Här gör folkbildning, direkt aktion, innovation, organisering och lobbying att det folkliga trycket för förändring snabbt eskalerar. En internationell rörelse för en rättvis omställning i enklare riktning växer fram, och börjar steg för steg sätta den politiska agendan. De sociala, ekonomiska och miljömässiga kriserna samverkar med en omskakad allmänhet och skapar en snöbolls- eller ketchupeffekt. De politiker som inte sätter utsugningskrisen i framsätet får se sig själva bli irrelevanta. Lokala och småskaliga initiativ för ett hållbart samhälle blir hetare än någonsin, och externa krafter börjar konkurrera om att få vara en del av sådana initiativ. Resurser flyttas i snabb takt från militarism och andra repressiva institutioner till strukturer för social, hälsomässig och ekologisk rättvisa och hållbarhet. De stora utsugningsindustrierna angrips, vacklar, överges, går i konkurs eller övertas för att successivt fasas ut eller ställas om.

Motståndets värde

Kanhända hamnar vi i slutändan ändå i en brutal kollaps, där samhället och ekologiska system bryter ihop, och där människans överlevnad som art är påtagligt hotad, efter att vi förstört det mesta och de flesta i vår väg. Har då motståndet mot utsugningen, mot hierarkierna och dödsmaskineriet, varit lönt? Är det värt att kämpa om man ändå förlorar?

På flera sätt är det en helt teoretisk fråga. Mot historiens facit kan det möjligen vara enklare att utvärdera olika insatser och strävanden, men inte ens den mest noggranna historiska studie ger några entydiga kausalitetssamband. I det här fallet kommer vi inte ens kunna göra någon sådan utvärdering i efterhand.

Det finns många människor som aldrig kommer att acceptera utsugning med gillande, och många av våra värderingar går bortom rationella kalkyler. Det vi älskar tenderar vi att försvara och kämpa för, oavsett utgång av kampen. Många djur som fångas, till och med djurindustrins hårt domesticerade djur med minimalt rörelseutrymme, spjärnar emot på en rad olika sätt, även när det är uppenbart fåfängt.[222] Att människan blivit en vapenbärande art, och hur våra vapen utformats, är i sig ett tecken på djurs (och människors) motstånd.[223] Om vi bara villigt skulle offra oss på utsugningens altaren behövs inga vapen. Och av alla arter är det bara ett fåtal som framgångsrikt gått att domesticera.

Gissningsvis kommer därför de allra flesta människor troligen att göra motstånd åtminstone ibland

222 Hribal, 2007; Meijer, 2015, s. 107–109. Filosofiprofessorn och dykaren Peter Godfrey-Smith beskriver en rad exempel på bläckfiskar i fångenskap och forskningskontext som gör aktivt motstånd (2020, s. 69–78). Se också *Animal resistance in the global capitalist era* (Colling, 2021).

223 Se t.ex. Dinesh Wadiwel, 2016, om fiskekrokens historia och utformning i artikeln "Do fish resist".

och i någon utsträckning. Att agera för förändring kan vara ett desperat, inre tvång, eller en obändig vilja att uttrycka sina övertygelser. Vi kan också handla för att vi ser skönhet och sanning i dessa aktioner, oavsett om de är effektiva eller ej, och även om det allmänna ogillandet är starkare än applåderna. Vi finner och skapar mening i våra liv trots, eller kanske just på grund av,[224] att vi vet att vi ska dö.

Men det vi gör skapar också skillnad, även om det inte räddar världen. Livet är ingen match på vinst eller förlust, det går att *både* vinna och förlora, och allt däremellan, samtidigt. Att underminera människans krig mot naturen höjer priset för utsugning, och är ett självförsvar där vi värnar inte bara liven hos oss själva och våra medvarelser, utan också de värderingar, praktiker och tankesätt som saknar värde för makten. Ju mer motstånd det finns och ju längre det pågår, desto större möjlighet för den nödvändiga nedrustningen. Kollapsar systemet finns det kanske ändå spillror av mänsklighet kvar efteråt. Vi kan inte utesluta att de kan bygga helt andra samhällen. Vad de sista människorna i det gamla samhället gjorde, eller inte gjorde, kan bli viktigt för det nya som växer fram.

Samtidigt borde vi inte, menar jag, offra oss själva för kampen. Livet är mycket mer än kamp, och vi är dåliga på att förebilda den förändring vi vill se om vi tar orimliga risker eller aktivt tillåter kampen att suga all must ur oss. Inget samhällsengagemang är riskfritt, och motstånd har alltid ett pris. Ibland det högsta tänkbara. Men även under en strid, speciellt i en långsiktig kamp, måste det skapas utrymme för

224 Med filosofen Martin Hägglund i *Vårt enda liv* (2020).

njutning, återhämtning, reträtt, omgruppering och pensionering.

Vissa saker kan vi vara säkra på. Vi dör, därför finns vi. Det vi skapat bryts ned. Livet förändras, och stjärnor slocknar. Ingen vet hur samhällets och människans framtid kommer utspela sig i detalj, men vi kan vara säkra på att det förr eller senare inte kommer finnas några fungerande mänskliga redskap för massförstörelse på planeten. Resurser såväl som samhällssystem som möjliggör dessa är nämligen ändliga. Våra dödsindustrier kommer att kollapsa innan den sista människan försvinner, eftersom de, teknologin till trots, är beroende av människors och andra djurs arbetskraft.

En nedrustad mänsklighet är därför en skärva utopi som inte är utopisk. Det är alternativet, en fortsatt långsiktig expansion, som är orealistiskt.

Frågan är bara hur processen kommer se ut, och hur vi kommer relatera till denna. Kan vi bli en klokare apa utan vapen, eller åtminstone en art som artar sig? Eller kommer de sista människorna att kriga till sista blodsdroppen, spränga sig själva i luften, äta varandra, lämna den jord som fött dem som en obeboelig öken? Ingen vet, men ett aktivt nedrustningsarbete ökar i alla fall allas våra möjligheter att leva länge på den här planeten. Det är därför vi tillsammans måste börja avväpna människan.

Tack

Några personer har på förfrågan hjälpt till att slipa den här texten och tillhörande tankar. All kvarstående trubbighet ska skrivas på mitt konto. Hjärtinnerligt tack till Tomas Poletti Lundström, Fredrik Gavell, Andreas Kahnberg, Pia Lind, Anton Johnsson, Pelle Sunvisson, Markus Lundström, Alf Hornborg, Johanna Sällqvist och Natanael Sällqvist.

Referenser

-AFP. ”Risk of comet hitting Earth is greater than previously thought, say researchers” i *The Guardian,* 23/12-15. theguardian.com/science/2015/dec/23/risk-of-comet-hitting-earth-as-bad-as-asteroids-or-worse-say-researchers [hämtad 25/5-21]

-Almond; Grooten; Petersen (red.) (2020) ”Living Planet Report 2020 - Bending the curve of biodiversity loss”. WWF, Gland, Schweiz. worldwildlife.org/press-releases/68-average-decline-in-species-population-sizes-since-1970-says-new-wwf-report [25/5-21]

-Altieri, Miguel; Toledo, Victor (2011). ”The agroecological revolution in Latin America: rescuing nature, ensuring food sovereignty and empowering peasants” i *Journal of Peasant Studies,* 38:3. dx.doi.org/10.1080/03066150.2011.582947 [1/6-21]

-Ambjörnsson, Ronny (2004) *Fantasin till makten! Utopiska idéer i västerlandet under fem hundra år.* Ordfront

-Anderberg, Björn (2021) ”61 nya tillstånd för att borra efter norsk olja”, *Aktuell Hållbarhet*, 20/1-21. aktuellhallbarhet.se/miljo/energi/61-nya-tillstand-for-att-borra-efter-norsk-olja/ [1/9-21]

-Anderberg, Johan (2021) *Flocken : Berättelsen om hur Sverige valde väg under pandemin.* Albert Bonniers förlag

-Anderegg, William; Boykoff, Max; Yohe, Gary; Root, Terry (2014). ”Awareness of both type 1 and 2 errors in climate science and assessment” i *Bulletin of the American Meteorological Society* (95/9). sciencepolicy.colorado.edu/admin/publication_files/2014.34.pdf [25/5-21]

-Andersson, Kali; Hylander, Frida; Nylén, Kata (2019). *Klimatpsykologi : Hur vi skapar hållbar förändring.* Natur & Kultur

-Armstrong, Karen (2016) *Med Gud på vår sida : Religion och våld genom historien.* Natur & Kultur

-Badiou, Alain (2012) *In praise of love.* Profile Books Ltd

-Barnosky, A.; Koch, P.; Feranec, R.; Wing, S.; Shabel, A. (2004). ”Assessing the causes of late Pleistocene extinctions on the continents” i *Science*, 306:5693. science.sciencemag.org/content/306/5693/70.full [27/5-21]

-Berglund, Joel (2010). ”Did the medieval Norse society in Greenland really fail?” i *Questioning collapse : Human resilience, ecological vulnerability & the aftermath of empire* (red. McAnany & Yoffee). Cambridge University Press

-Bjurwald, Lisa; Dejemyr, Kerstin (2021). *Gärningsmannen är polis : Om trakasserier och tystnadskultur inom svensk polis.* Bazar

-Blasdel, Alex (2021). ”Pinker's progress: the celebrity scientist at the centre of the culture wars” i *The Guardian*, 28/9-2021.
theguardian.com/science/2021/sep/28/steven-pinker-celebrity-scientist-at-the-centre-of-the-culture-wars [28/9-21]

-Boehm, Christopher (1993). ”Egalitarian behaviour and reverse dominance hierarchies” i *Current Anthropology,* 34:3.
journals.uchicago.edu/doi/10.1086/204166 [27/5-21]
-Bregman, Rutger (2020). *Human kind : A hopeful history.* Bloomsbury.

-Bressan, Davis (2021). ”Climate change likely drove the extinction of north America's megafauna”. *Forbes*, 16/2-21.
forbes.com/sites/davidbressan/2021/02/16/climate-change-likely-drove-the-extinction-of-north-americas-megafauna/ [25/5-21]

-Brysse, Keynyn; Oreskes, Naomi; O'Reilly, Jessica & Oppenheimer, Michael (2013). ”Climate change prediction: Erring on the side of least drama?” i *Global Environmental Change,* 23.
sciencedirect.com/science/article/abs/pii/S0959378012001215 [27/5-21]

-Cahill, David (2009). “Advanced Andeans and backward Europeans : Structure and agency in the collapce of inca empire” i *Questioning collapse : Human resilience, ecological vulnerability & the aftermath of empire* (red. McAnany & Yoffee). Cambridge University Press

-Carr Centre for Human Rights Policy. ”Black Lives Matter may be the largest movement in U.S. history”, Harvard Kennedy School, 3/7-20. carrcenter.hks.harvard.edu/news/black-lives-matter-may-be-largest-movement-us-history [27/5-21]

-Carrington, Damian (2018) ”Humans just 0.01% of all life but have destroyed 83% of wild mammals – study” i *The Guardian.* theguardian.com/environment/2018/may/21/human-race-just-001-of-all-life-but-has-destroyed-over-80-of-wild-mammals-study [25/5-21]

-Carson, Rachel (2021 [1962]). *Tyst vår.* Volante

-Ceballos, Gerardo; Ehrlich, Paul & Raven, Peter (2020). ”Vertebrates on the brink as indicators of biological annihilation and the sixth mass extinction” i *Proceedings of the National Academy of Sciences of the United States of America,* 117:24. pnas.org/content/117/24/13596 [25/5-21]

-Colling, Sarat (2021). *Animal resistance in the global capitalist era.* Michigan State University Press

-Correa; Brockway; Copeland; Foxon; Owen; Taylor (2017). ”Developing an input-output based method to

estimate a national-level Energy Return on Investment (EROI)" i *Energies,* 10:4.
researchgate.net/publication/316190095_Developing_an_Input-Output_Based_ Method_to_Estimate_a_National-Level_Energy_Return_on_Investment_EROI [7/6-21]

-Cosme, Inês; Santos, Rui; O´Neill, Daniel (2017) "Assessing the degrowth discourse: A review and analysis of academic degrowth policy proposals" i *Journal of Cleaner Production*, 149.
sciencedirect.com/science/article/abs/pii/S0959652617302202 [27/5-21]

-Crutzen, Paul (2002). "Geology of mankind" i *Nature* 415:23.
nature.com/articles/415023a [27/5-21]

-DeWaal, Frans (2013). *Bonobon och tio Guds bud : På spaning efter humanism bland primater.* Karneval

-Diamond, Jared (2020 [1997]). *Vete, vapen och virus.* Volante

-Ehrlich, Paul & Ehrlich Anne (2013). "Can a collapse of global civilization be avoided?" i *Proceedings of the Royal Society B,* 280:20122845.
royalsocietypublishing.org/doi/10.1098/rspb.2012.2845
[27/5-21]

-Elhacham, Emily; Ben-Uri, Liad; Grozovski, Jonathan; Bar-On, Yinon & Milo, Ron (2020). "Global hu-

man-made mass exceeds all living biomass” i *Nature,* 588.
nature.com/articles/s41586-020-3010-5 [27/5-21]

-Errington, Frederick & Gewerts, Deborah (2010). ”Excusing the haves and blaming the have-nots” i *Questioning collapse : Human resilience, ecological vulnerability & the aftermath of empire* (red. McAnany & Yoffee). Cambridge University Press

-Extinction Rebellion (2020). ”Statement on Extinction Rebellion’s relationship with the police”, 1/7-20.
extinctionrebellion.uk/2020/07/01/statement-on-extinction-rebellions-relationship-with-the-police/ [9/10-21]

-Fairbridge, Rhodes. ”Holocene Epoch : geochronology” i *Britannica.*
britannica.com/science/Holocene-Epoch [25/5-21]

-FAO, IFAD, UNICEF, WFP and WHO (2020). ”The state of food security and nutrition in the world 2020 : Transforming food systems for affordable healthy diets.” Rome, FAO.
doi.org/10.4060/ca9692en [25/5-21]

-Galinsky, Adam; McGee, Joe; Inesi, Ena (2006). ”Power and perspectives not taken” i *Psychological Science*, 17:12.

-Gelderloos, Peter (2018). *How nonviolence protects the state.* Detritus books

-Godfrey-Smith, Peter (2020). *Djupsinne : Hur bläckfiskarna började tänka.* Natur & Kultur

-*Göteborgsposten* (2018). ”Dömd chaufför får stöd från hela landet.” gp.se/nyheter/sverige/dömd-chaufför-får-stöd-från-hela-landet-1.10293628 [7/10-21]

-Granström, Helena (2008). *Alltings mått.* Ruin förlag

-Graeber, David (2004). *Fragments of an anarchist anthropology.* Paradigm press

-Graeber, David (2012). *Skuld : De första 5 000 åren.* Daidalos

-Gramling, Carolyn (2021). ”A magnetic field reversal 42,000 years ago may have contributed to mass extinctions”. *Science News,* 18/2-21. sciencenews.org/article/earth-magnetic-field-reversal-mass-extinctions-environment-crisis [25/5-21]

-Gray, John (2007). *Black mass : Apocalyptical Religion and the death of utopia.* Penguin.

-Greshko, Michael (2019). ”These monkeys are 3,000 years into their own ´Stone Age´”. *National Geographic,* 24/6-19. nationalgeographic.com/science/article/capuchin-monkeys-used-stone-tools-3000-years-oldest-outside-africa [25/5-21]

-Hamilton, Clive (2017). *Den trotsiga jorden : Människans öde i antropocen.* Daidalos

-Harari, Yuval Noah (2012[2014]). *Sapiens : En kort historik över mänskligheten.* Natur & Kultur

-Hare Brian; Wobber, Victoria; Wrangham, Richard (2011). ”The self-domestication hypothesis: evolution of bonobo psychology is due to selection against aggression” i *Animal Behaviour*, 83:3.
doi.org/10.1016/j.anbehav.2011.12.007 [25/8-21]

-Hare, Brian; Woods, Vanessa (2020). *Survival of the friendliest: Understanding our origins and rediscovering our common humanity.* Random House

-Havs- och Vattenmyndigheten. ”Havsförsurning”.
havochvatten.se/miljopaverkan-och-atgarder/miljopaverkan/forsurning/havsforsurning.html [25/5-21]

-Helmore, Edward (2021). ”Yep, it's bleak, says expert who tested 1970s end-of-the-world prediction”, i *The Guardian*, 25/7-21.
theguardian.com/environment/2021/jul/25/gaya-herrington-mit-study-the-limits-to-growth [2/8-21]

-Hewings-Martin, Yella (2020) ”How do SARS and MERS compare with COVID-19?”, i *Medical News Today,* 10/4-20.
medicalnewstoday.com/articles/how-do-sars-and-mers-compare-with-covid-19 [25/5-21]

-Holgersson, Stefan (2018). ”Ursäkta, men vi är faktiskt POLISEN och vi står över lagen!” Linköpings universitet

-Holloway, John (2010) *Change the world without taking power : The meaning of revolution today.* Pluto press

-Holmgren, David (2009). *Future scenarios : How communities can adapt to Peak Oil and Climate Change.*
futurescenarios.org [25/5-21]

-Hornborg, Alf (2010). *Myten om maskinen : Essäer om makt, modernitet och miljö.* Daidalos

-Hribal, Jason (2007). ”Animals, agency, and class: Writing the history of animals from below” i *Human Ecology Review,* 14:402.

-Hunt, Terry; Lipo, Carl (2010). ”Ecological catastrophe, collapse, and the myth of ´ecocide´ on Rapa Nui (Easter Island)” i *Questioning collapse : Human resilience, ecological vulnerability & the aftermath of empire* (red. McAnany & Yoffee). Cambridge University Press

-Hägglund, Martin (2020). *Vårt enda liv : Sekulär tro och andlig frihet.* Volante

-IEA (2020). ”Global energy review: CO2 emissions in 2020 : Understanding the impacts of Covid-19 on global CO2 emissions”, 2/3-21.

iea.org/articles/global-energy-review-co2-emissions-in-2020 [25/5-21]

-Inesi, Ena; Gruenfeld, Deborah; Galinsky, Adam (2012). ”How power corrupts relationships : Cynical attributions for others' generous acts” i *Journal of Experimental Social Psychology*, 48:4.

-Intergovernmental Science-Policy Platform on Biodiversity and Ecosystem Services (IPBES) (2018). ”The assessment report on land degradation and restoration : Summary for policymakers”.
ipbes.dk/wp-content/uploads/2018/09/LandDegradation_SPM_2018.pdf [9/7-21]

-Capellán-Pérez, Iñigo; de Castro, Carlos; JavierMiguel, Luis; González, Miguel (2019). ”Dynamic energy return on energy investment (EROI) and material requirements in scenarios of global transition to renewable energies” i *Energy Strategy Reviews*, 26.
sciencedirect.com/science/article/pii/S2211467X19300926 [7/6-21]

-IPCC (2018). ”Global warming of 1.5°C. An IPCC special report on the impacts of global warming of 1.5°C above pre-industrial levels and related global greenhouse gas emission pathways, in the context of strengthening the global response to the threat of climate change, sustainable development, and efforts to eradicate poverty”.
ipcc.ch/sr15/ [25/5-21]

-IPCC (2021). *Sixth Assessment Report.*

ipcc.ch/report/ar6/wg1/ [19/8-21]

-Jonasson, Anna (2020). ”Alf Hornborg: ′Epidemier ett inslag när civilisationer bryter sönder′” i *Landets fria,* 23/3-20.

-Jonstad, David (2012). *Kollaps : Livet vid civilisationens slut.* Ordfront

-Jylhä, Kirsti Maria (2016). *Ideological roots of climate change denial : Resistance to change, acceptanse of inequality, or both?* Uppsala universitet

-Kallis, Giorgos; Kostakis, Vasilis; Lange, Steffen Lange; Muraca, Barbara; Paulson, Susan Paulson; Schmelzer, Matthias (2018). ”Research on degrowth” i *Annual Review of Environment and Resources,* 43. annualreviews.org/doi/10.1146/annurev-environ-102017-025941 [7/6-21]

-Keyser, Lorenz; Lenzen, Manfred (2021). ”1.5 °C degrowth scenarios suggest the need for new mitigation pathways” i *Nature Communications*, 12:2676. nature.com/articles/s41467-021-22884-9? [7/6-21]

-Kemp, Luke (2019) ”Are we on the road to civilisation collapse?” *BBC Future* bbc.com/future/article/20190218-are-we-on-the-road-to-civilisation-collapse [25/5-21]

-Keltner, Dacher (2017). ”The power paradox” i *Greater Good Magazine : Science-based insight for meaningful life.*

greatergood.berkeley.edu/article/item/power_paradox [25/5-21]

-Klein, Naomi (2014). *Det här förändrar allt.* Ordfront

-King, Nick; Jones, Aled (2021) ”An analysis of the potential for the formation of ‘Nodes of Persisting Complexity’” i *Sustainability* 13:8161. https://doi.org/10.3390/su13158161 [2/8-21]

-Kolbert, Elizabeth (2014). *The sixth extinction : An unnatural history.* Picador, i svensk översättning (2020) *Det sjätte utdöendet : Om arternas död i människans tidsålder.* Volante

-Krange, Olve; Kaltenborn, Björn; Hultman, Martin (2018). ”Cool dudes in Norway: climate change denial among conservative Norwegian men” i *Environmental Sociology,* 5:1.

-Kropotkin, Piotr (2017 [1892]). *Ömsesidig hjälp.* Bokförlaget Hansson Bruce

-Laden, Greg (2010) ”Why did the Tasmanians Stop Eating Fish?”. *Science Blogs,* 8/8-10. scienceblogs.com/gregladen/2010/08/08/why-did-the-tasmanians-stop-ea [25/5-21]

-Laestadius, Staffan (2021). *En strimma av hopp : Klimatkrisen och det postfossila samhället.* Verbal

-Laforge, Julia; Dale, Bryan; Levkoe, Charles; Ahmed, Faris (2020). ”The future of agroecology in Canada: Embracing the politics of food sovereignty” i *Journal of Rural Studies*, 18.

-Livsmedelsverket. ”Bakterier, virus, parasiter och mögelsvampar”. livsmedelsverket.se/livsmedel-och-innehall/bakterier-virus-parasiter-och-mogelsvampar1? [25/5-21]

-Lovelock, James (1988, 2000). *The ages of Gaia : A biography of our living earth.* Oxford University press

-Lovelock, James (2006). *The revenge of Gaia.* Penguin

-Lunde, Maja (2019). *Przewalskis häst.* Natur & Kultur

-Lundström, Jonas (2006). *Överträdare och desertörer i en Jesus-baserad motståndsrörelse : Användandet av Matteus 18 i tidig anabaptistisk teologi om församlingsfostran.* Kandidatuppsats i teologi vid Örebro Teologiska högskola.

-Lundström, Jonas (2015). *Jesus eller kyrkan : Ett anabaptistiskt sökande efter kristen radikalitet.* Bod/ Fatta taggtråd publikationer

-Lundström, Jonas (2016). *Batongerna slår nedåt : En berättelse om brottsbekämpning.* Bod/Fatta taggtråd publikationer

-Lundström, Markus (2021, kommande). *The impossible argument: Anarchist critique of radical democracy.* PM Press

-Magnason, Andri Snaer (2021). *Om tiden och vattnet : En berättelse om vår framtid.* Norstedts

-Malm, Andreas (2021). *How to blow up a pipeline.* Verso

-Malm, Andreas (2020). *Corona, climate, chronic emergency : War communism in the twenty-first century.* Verso

-MacKenzie, Debora (2020). *Pandemiernas tid : Om Covid-19, andra farsoter och hur vi kan förhindra dem.* Ordfront

-Marshall, Michael (2021). ”Woolly mammoths were hit by climate change but humans wiped them out”. *New Scientist,* 25/2-21.
newscientist.com/article/2269131-woolly-mammoths-were-hit-by-climate-change-but-humans-wiped-them-out/ [25/5-21]

-McAnany, Patricia Ann; Yoffee, Norman (2010). ”Why we question collapse and study human resilience, ecological vulnerability, and the aftermath of empire”, i *Questioning collapse : Human resilience, ecological vulnerability & the aftermath of empire* (red. McAnany & Yoffee). Cambridge University Press

-McAnany, Patricia & Negron, Tomás (2010). ”Bellicose rulers and climatological peril? Retrofitting twenty-first-century woes on eight-century Maya society” i *Questioning collapse : Human resilience, ecological vulnerability & the aftermath of empire* (red. McAnany & Yoffee). Cambridge University Press

-McNeill, John (2010). ”Sustainable survival” i *Questioning collapse : Human resilience, ecological vulnerability & the aftermath of empire* (red. McAnany & Yoffee). Cambridge University Press
-Meijer, Eva (2015). *Djurens språk.* Weyler

-Milfont (2010). ”Global warming, climate change, and human psykologi” i Corral-Verdugo; Garcia-Cadena; Frias-Armen (red.) *Psychological responses to sustainability : Current trends in theory, research and practice.* Nova Science Publishers.

-Mood, A; Brooke, P. (2010) ”Estimating the number of fish caught in global fishing each year”. Fishcount UK.
fishcount.org.uk/published/std/fishcountstudy.pdf [25/5-21]

-Mulinari, Leandro Schclarek (2017). *Slumpvis utvald : Ras/etnisk profilering i Sverige.* Stockholms universitet

-Naess, Arne (1989). *Ecology, community and lifestyle.* Cambridge University Press

-NASA (2012). ”Storms from the sun”, 8/3-12.

nasa.gov/mission_pages/sunearth/news/storms-on-sun.html [25/5-21]

-NASA (2021). ”2020 Tied for Warmest Year on Record, NASA Analysis Shows”, 14/1-21. climate.nasa.gov/news/3061/2020-tied-for-warmest-year-on-record-nasa-analysis-shows/ [25/5-21]

-Naturvårdsverket. ”Svensk konsumtion av köttprodukter per person”. naturvardsverket.se/Sa-mar-miljon/Statistik-A-O/Kottprodukter-konsumtion-per-person/ [25/5-21]

-Nilsson, Andreas (2020). *Klimat och psykologi : Varför vi inte agerar hållbart och vad vi kan göra åt det.* Studentlitteratur

-Nilsson, Johan (2019) ”Tysk studie: Dålig luft dödar 8 000 svenskar per år” i *Svenska Dagbladet* 12/3-2019. svd.se/luften-dodar-8000-svenskar-per-ar [25/5-21]

-Norbert, Elias (2011). *Etablerade och outsiders.* Arkiv förlag

-Olsen, Björn (2020 [2010]). *Pandemi : myterna, fakta, hoten.* Norstedts.

-Oxfam. ”Extreme inequality and essential services” oxfam.org/en/what-we-do/issues/extreme-inequality-and-essential-services [25/5-21]

-Oxfam (2020). ”Carbon emissions of richest 1 percent more than double the emissions of the poorest half of humanity”.
oxfam.org/en/press-releases/carbon-emissions-richest-1-percent-more-double-emissions-poorest-half-humanity [25/5-21]

-Philpot, Richard; Liebst, Lasse; Levine, Mark; Bernasco, Wim; Rosenkrantz Lindegaard, Marie (2019). ”Would I be helped? Cross-national CCTV footage shows that intervention is the norm in public conflicts” i *American Pshychologist*, 75:1.

-PRRI. ”Understanding QAnon's connection to American politics, religion, and media Consumption”, 27/5-21.
prri.org/research/qanon-conspiracy-american-politics-report/ [31/5-21]

-Regeringskansliet (2011). ”FN:s konventioner om mänskliga rättigheter”.
regeringen.se/contentassets/d6d5653029e14e338 a4b86f5f4b34c6b/fns-konventioner-om-manskliga-rattigheter [29/5-21]
-Ritchie, Hanna (2018). ”Global mental health: five key insights which emerge from the data”, 16/5-18.
ourworldindata.org/global-mental-health [25/5-21]

-Roser, Max. ”Global economic inequality” i *Our world in data.*
ourworldindata.org/global-economic-inequality [25/5-21]

-Roser, Max; Ortiz-Ospina, Esteban; Ritchie, Hanna (2019 [2013]). ”Life expectancy”. *Our world in data.* ourworldindata.org/life-expectancy [25/5-21]

-Roser, Max; Ritchie, Hanna. ”Meat and dairy production”. *Our world in data,* augusti 2017. ourworldindata.org/meat-production [25/5-21]

-Roser, Max; Ritchie, Hanna. ”CO2-emissions”. *Our world in data.*
ourworldindata.org/co2-emissions [25/5-21]

-”Global fossil fussil consumption”. *Our world in data*
ourworldindata.org/grapher/global-fossil-fuel-consumption?country=~OWID_WRL [25/5 - 21]

-Save Movement Sverige (2020). ”Är de villiga att köra på oss för att dölja sin verksamhet?”
youtube.com/watch?v=1bluTCzbEmQ [25/5-21]

-Steffen; Rockström; Richardson; Lenton; Folke; Liverman; Summerhayes; Barnosky; Cornell; Crucifix; Donges; Fetzer; Scheffer; Winkelmann; Schellnhuber (2018). ”Trajectories of the Earth System in the Anthropocene” i *Proceedings of the National Academy of Sciences,* 115:33.

-Sahlin, Mashall (2017 [1972]). *Stone age economics.* Routledge

-Scott, James (1987). *Weapons of the weak : Everyday forms of peasant resistance.* Yale University Press

-Scott, James (1992). *Dominance and the art of resistance.* Yale University Press

-Scott, James (2011). *The art of not being governed : An anarchist history of upland South East Asia.* Yale University Press

-Scott, James (2017). *Against the grain : A deep history of the earliest states.* Yale University Press

-Scranton, Roy (2019). *Att lära sig dö i antropocen : Reflektioner över en civilisations slut.* Lil´Lit förlag

-SMHI (2014). ”Geoengineering”, 5/6-14.
smhi.se/kunskapsbanken/klimat/klimatpaverkan/geoengineering-1.75609 [25/5-21]

-Sipri (2021). ”World military spending rises to almost $2 trillion in 2020”. 26/4-21
sipri.org/media/press-release/2021/world-military-spending-rises-almost-2-trillion-2020 [25/5-21]

-Stein, Rebecca; Stein, Philip (2011) *The anthropology of religion, magic, and witchcraft.* Pearson

-Svart katt (2021). ”Flykt och längtan”, Anarkism.info.
anarkism.info/2021/06/09/langtan-och-flykt/ [10/6-21]

-SVT (2021). ”Elbilar kräver fler gruvor i Sverige”, 12/10-21.
svt.se/nyheter/lokalt/norrbotten/elbilar-kraver-fler-gruvor-i-sverige (12/10-21)

-Tainter, Joseph (1988). *The collapse of complex societies.* Cambridge University Press
-Thornton, Alex (2019) ”This is how many animals we eat each year”. World Economic Forum
weforum.org/agenda/2019/02/chart-of-the-day-this-is-how-many-animals-we-eat-each-year/ [25/5-21]

-Thörn, Andreas (2014). *En framgångsrik främling : Filadelfiaförsamlingen i Stockholm – självbild i historeskrivning och verksamhet 1910–1980.* Örebro universitet
oru.diva-portal.org/smash/get/diva2:768703/FULLTEXT02.pdf [25/5-21]

-Troscianko, Jolyon; Rutz, Christian (2015). ”Activity profiles and hook-tool use of New Caledonian crows recorded by bird-borne video cameras” i *Biology Letters,* 11:12.
royalsocietypublishing.org/doi/full/10.1098/rsbl.2015.0777 [25/5-21]

-Tsimafejeva, Julia (2020). *Dagar i Belarus.* Norstedts

-Uddenfeldt, Therese (2016). *Gratislunchen : Eller varför det är så svårt att förstå att allting har ett slut.* Bonniers

-UN (2020). ”Climate Action: It’s time to make peace with nature, UN chief urges”, 2/12-2020.
news.un.org/en/story/2020/12/1079032 [27/5-21]

-Useem, Jerry (2017) ”Power Causes Brain Damage” i *The Atlantic*.
theatlantic.com/magazine/archive/2017/07/power-causes-brain-damage/528711/ [25/5-21]

-de Waal, Frans (2013). *Bonobon och tio guds bud : På jakt efter humanism bland primater.* Karneval

-Wadiwel, Dinesh Joseph (2016). ”Do fish resist” i *Cultural Studies Review,* 1:22.
academia.edu/11336208/Do_Fish_Resist [25/5-21]
-Wallace Wells, David (2020). *Den obeboeliga planeten.* Albert Bonniers.

-WHO (2020). ”Adolescent mental health”, 28/9-20.
who.int/news-room/fact-sheets/detail/adolescent-mental-health [25/5-21]

-Wilcox, Michael (2010). ”Marketing conquest and the vanishing Indian: An indigenous response to Jared Diamond´s archaeology of the American southwest” i *Questioning collapse : Human resilience, ecological vulnerability & the aftermath of empire* (red. McAnany & Yoffee). Cambridge University Press

-Williams, George (1995). *The radical reformation.* Truman State University Press

-Wilkins; Schoville, Benjamin; Brown, Kyle; Chazan, Michael (2012). ”Evidence for early hafted hunting technology” i *Science,* 338:6109

-Wilkinson, Richard; Pickett, Kate (2011). *Jämlikhetsanden : därför är mer jämlika samhällen nästan alltid bättre samhällen.* Karneval förlag

-WWF (2020). *Living planet report 2020 : Bending the curve of biodiversity loss.*
worldwildlife.org/publications/living-planet-report-2020 [27/5-21]

-Wägner, Elin (2021[1940]). *Fred med jorden.* The Sublunar Society

-Yan, Pu; Schroeder, Ralph; Stier, Sebastian (2020). ”Is there a link between climate change scepticism and populism? An analysis of web tracking and survey data from Europe and the US” i *Information, Communication & Society.*
doi.org/10.1080/1369118X.2020.1864005 [6/10-21]

-Yoffee, Norman (2009). ”Collapse in ancient Mesopotamia : What happened, what didn´t” i *Questioning collapse : Human resilience, ecological vulnerability & the aftermath of empire* (red. McAnany & Yoffee). Cambridge University Press

-Yong, Ed (2018). ”In a few centuries, cows could be the largest land animals left : throughout our entire history, humans and other hominins have selectively killed off the largest mammals.” *The Atlantic,* 19/4-2018.
theatlantic.com/science/archive/2018/04/in-a-few-centuries-cows-could-be-the-largest-land-animals-left/558323/ [25/5-21]

-Zeder, Melinda (2011) ”The origins of agriculture in the Near East” i *Current Anthropology, vol. 4,* s. 221–232.

-Zuboff, Shoshanna (2019) *The age of surveillance capitalism.* Profile Books Ltd

-Östberg, Kjell (2021) *Folk i rörelse : Vår demokratis historia.* Ordfront